Réussir l'entretien de quant en finance

Jean Peyre, Réussir l'entretien de quant en finance.

Édition papier Août 2020

Copyright © 2020 par l'auteur. Tous droits réservés a l'auteur

Réussir l'entretien de quant en finance

Jean Peyre

ÉDITIONS DUCOURT

Table des matières

Énigmes 3
Énigmes - Solutions 9
Calcul stochastique 25
Calcul stochastique - Solutions 31
Finance 45
Finance - Solutions 49
Programmation 59
Programmation - Solutions 63
Démonstrations classiques 73
Démonstrations classiques 77
Formulaire de maths 91
Une humble requête 99
  Index   101

Chapitre 1

Énigmes

Énigmes

Difficulté : ♠ Intermédiaire ♠♠ Difficile ♠♠♠ Très difficile

1.1 Triangle impossible ♠ (Goldman Sachs)

On casse un bâton en 3 de manière aléatoire. Quelle est la probabilité que les 3 morceaux forment un triangle ? (les points de cassure sont uniformément distribués entre 0 et 1)

Solution en page 9

1.2 Triangle impossible II ♠♠ (Goldman Sachs)

Soient A, B et C trois variables aléatoires uniformément distribuées entre 0 et 1. On fabrique trois bâtons, respectivement de tailles A, B et C. Quelle est la probabilité que les 3 bâtons forment un triangle ?

Solution en page 10

1.3 Un nombre premier ♠ (Commerzbank)

Soit p un nombre premier $p \geq 5$. Montrez que 24 divise $(p^2 - 1)$ c'est-à-dire $24|(p^2 - 1)$.

Solution en page 12

1.4 Le dernier nombre premier ♠ (Goldman Sachs)

Montrez qu'il existe une infinité de nombres premiers.

Solution en page 12

1.5 Sous-suites d'Erdős ♠♠♠ (Goldman Sachs)

Soit u_n, $n \in [1, 300]$ une suite composée de nombres réels, deux à deux distincts. Montrez qu'on peut en extraire une sous-suite de 17 éléments, soit strictement croissante, soit strictement décroissante.

Solution en page 13

1.6 Omelette ♠♠ (Google)

Vous avez 2 oeufs et un immeuble de 100 étages. Les oeufs sont identiques. Vous souhaitez trouver l'étage le plus haut duquel l'oeuf ne se casse pas si on le jette. Si un oeuf ne se casse pas, il n'est pas endommagé et peut être utilisé pour un nouveau test. Mais si l'oeuf se casse il ne peut plus être utilisé. Si un oeuf se casse lorsqu'on le lance de l'étage n, alors il se casserait de tous les étages supérieurs à n. Si un oeuf survit au lancer de l'étage n, alors il survivrait aux lancers de tous les étages inférieurs.

Quelle stratégie adopter pour trouver la solution avec un minimum de lancers ?

Solution en page 13

1.7 Difficile à avaler ♠ (HSBC)

Un homme aveugle est seul sur une île déserte. Il a 4 comprimés, 2 rouges et 2 bleus. Il doit prendre exactement un comprimé rouge et un bleu pour survivre. Comment s'y prend-il ?

Solution en page 14

1.8 Théorie des jeux ♠♠♠ (Goldman Sachs)

Un joueur A invite un joueur B à jouer le jeu suivant : A choisit un entier n entre 1 et 100 et le note sur un papier. B essaye de deviner n. S'il réussit, il reçoit n euros. Quel est le juste prix pour ce jeu et quelle doit être la stratégie des joueurs A et B ?

Solution en page 15

1.9 Équilibre stable I ♠ (Goldman Sachs)

N tigres tournent autour d'une antilope. Si un tigre mange l'antilope ou un autre tigre, il s'endort immédiatement et devient une proie pour les autres tigres. Un tigre mange tout repas qui ne met pas sa vie en danger. L'antilope continue à pâturer tranquillement. Pourquoi ?

Solution en page 15

1.10 Équilibre stable II ♠♠ (Goldman Sachs)

100 moines qui ont fait voeu de silence vivent dans un monastère sans miroir ni surface réfléchissante. Ils ont une règle primordiale : aucun moine ne doit avoir les yeux rouges. Si un moine découvre qu'il a les yeux rouges, il doit se suicider le jour même à minuit. Un jour un touriste visite le monastère et déclare "Au moins l'un de vous a les yeux rouges !". Que se passe-t-il ensuite ?

Solution en page 16

1.11 À tombeau ouvert ♠ (Goldman Sachs)

Une voiture parcourt 100km en 1 heure. Montrez qu'à un moment pendant le trajet sa vitesse est exactement 100km/h.

Solution en page 17

1.12 Pile ou face russe I ♠ (CitiBank)

Trois joueurs sont assis autour d'une table. Le joueur A lance une pièce. S'il obtient pile, il gagne, sinon il passe la pièce à B, assis à sa droite. B lance la pièce à son tour, s'il obtient pile, il gagne, sinon il le passe à C etc... Quelle est la probabilité pour chaque joueur de gagner ?

Solution en page 17

1.13 Pile ou face russe II ♠ (CitiBank)

Trois joueurs sont assis autour d'une table. Ils ont une pièce de monnaie bizarre qui tombe sur pile ou face avec une probabilité égale à $\frac{1}{4}$ et tombe sur la tranche avec une probabilité $\frac{1}{2}$. Le joueur A lance la pièce. S'il obtient la tranche, il gagne, s'il obtient pile il passe la pièce au joueur B à sa droite, s'il obtient face il passe la pièce au joueur C à sa gauche. Le joueur suivant recommence et ainsi de suite. Quelle est la probabilité pour chaque joueur de gagner ?

Solution en page 18

1.14 Chaises musicales ♠♠ (Goldman Sachs)

N invités attendent d'être installés à une table de mariage. À Chaque invité est associé un numéro de chaise, mais le premier invité a bu un verre de trop et choisit

son siège au hasard. Les personnes suivantes s'installent de la manière suivante
— Si le siège avec leur numéro est libre, ils s'y installent
— Si le siège avec leur numéro est pris, ils choisissent un autre siège au hasard
Quelle est la probabilité que le dernier invité termine sur le siège qui lui était assigné au départ ?

Solution en page 19

1.15   4 pièces, 1 table ♠♠♠ (CitiBank)

4 pièces sont posées aux coins d'une table rotative, le joueur a les yeux bandés. À chaque tour, le joueur peut retourner autant de pièces qu'il souhaite, il demande ensuite au Maître du jeu si toutes les pièces ont le coté pile visible. Si c'est le cas, le joueur gagne, sinon le Maître du jeu peut faire tourner la table de manière arbitraire avant le tour suivant. Y a-t-il une stratégie gagnante pour le joueur ?

Solution en page 20

1.16   N pièces, 1 table ♠♠♠ (UBS)

2 joueurs placent des pièces de taille égale sur une table ronde de grandes dimension par rapport aux pièces. Les pièces ne peuvent pas être superposées, et doivent être en contact complet avec la table. Le premier joueur qui n'a plus d'espace pour poser sa pièce perd le jeu. Vaut-il mieux jouer en premier, et y a-t-il une stratégie gagnante ?

Solution en page 21

Chapitre 2

Énigmes - Solutions

Énigmes - Solutions

2.1 Triangle Impossible - Solution

Question : On casse un bâton en 3 de manière aléatoire. Quelle est la probabilité que les 3 morceaux forment un triangle ? (les points de cassure sont uniformément distribués entre 0 et 1)

Solution : On peut résoudre ce problème élégamment en faisant un dessin. On note x et y les 2 points de cassure, et on suppose que $x \geq y$ (le cas $y \geq x$ est symétrique). Les 3 morceaux forment un triangle si et seulement si la longueur du morceau le plus long est inférieure ou égale à la somme des longueurs des deux autres.

$$\text{Dans le cas } x \geq y \text{ il faut } \begin{cases} x \geq \frac{1}{2} \\ y \leq \frac{1}{2} \\ (x-y) \leq \frac{1}{2} \end{cases} \qquad (1)$$

On transpose ces conditions dans la figure ci-dessous, sur le coté gauche le cas $x \geq y$ et sur le coté droit le cas général. L'aire grise représente les cas pour lesquels on peut former un triangle. On voit que dans les deux cas la partie grise correspond à un quart de l'aire totale. La probabilité de former un triangle avec les 3 morceaux est donc de $\frac{1}{4}$.

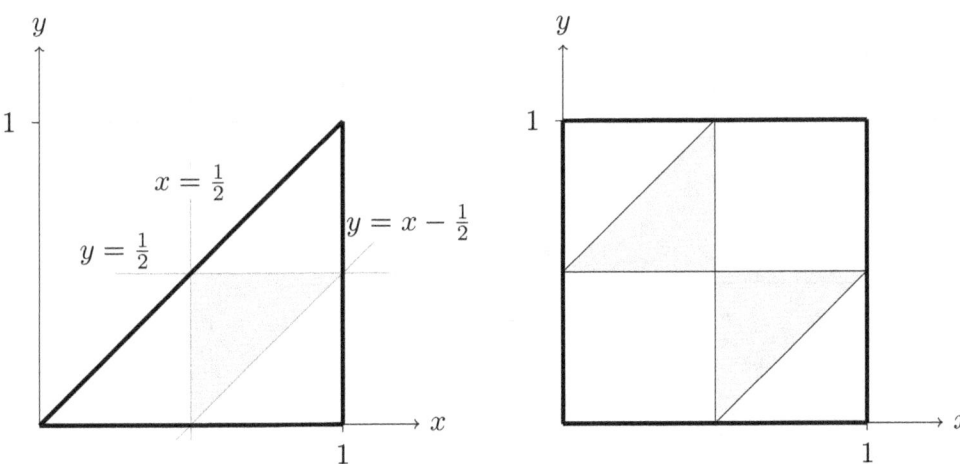

On peut aussi utiliser des intégrales. On suppose $x \leq \frac{1}{2}$ (l'autre cas est symétrique). Pour $x \in [0, \frac{1}{2}]$ on voit que y doit être plus grand que $\frac{1}{2}$ et plus petit que $(x + \frac{1}{2})$.

En utilisant la symétrie on obtient P la probabilité de former un triangle

$$P = 2 \int_0^{\frac{1}{2}} x\,dx = 2 \left[\frac{x^2}{2} \right]_0^{\frac{1}{2}} = \frac{1}{4}$$

2.2 Triangle Impossible II - Solution

Question : Soient A, B et C trois variables aléatoires uniformément distribuées entre 0 et 1. On fabrique trois bâtons, respectivement de tailles A, B et C. Quelle est la probabilité que les 3 bâtons forment un triangle ?

Solution : On peut résoudre ce problème élégamment en faisant un dessin. On dessine cette fois-ci un cube, les 3 morceaux forment un triangle si et seulement si la longueur du morceau le plus long est inférieure ou égale à la somme des longueurs des deux autres.

$$\text{Il nous faut} \begin{cases} A \leq (B + C) \\ B \leq (A + C) \\ C \leq (B + A) \end{cases} \qquad (2)$$

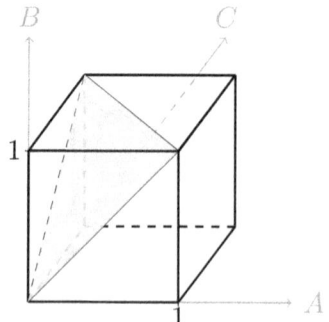
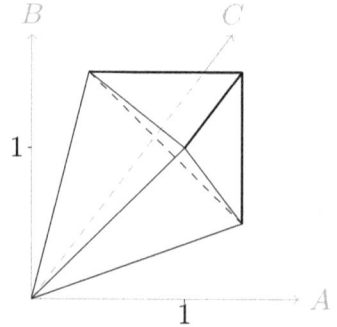

Le volume vérifiant la condition est le diamant sur la droite. On calcule son volume en retranchant les volumes des 3 pyramides ci-dessous au cube original.

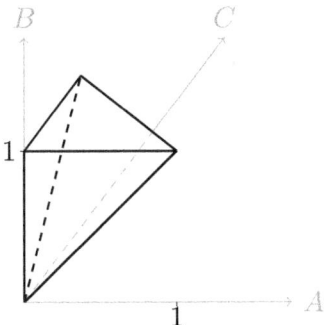

Le volume de la pyramide est
$$V_{pyramide} = \text{base.hauteur.}\frac{1}{3} = \frac{1}{2}.1.\frac{1}{3} = \frac{1}{6}$$

Donc
$$V_{diamant} = 1 - 3.\frac{3}{6} = \frac{1}{2}$$

La probabilité que nous cherchons est donc
$$P = \frac{1}{2}$$

On peut aussi répondre en utilisant des intégrales
$$I = \int_{x=0}^{x=1} \int_{y=x}^{y=1} \int_{z=y}^{1\wedge(x+y)} dxdydz$$

$$I = \int_{x=0}^{x=1} \int_{y=x}^{y=1} \Big[x \wedge (1-y)\Big] dxdy$$

$$I = \int_{x=0}^{x=1} \int_{Y=0}^{Y=1-x} \Big[x \wedge Y\Big] dxdY; \quad Y = (1-y)$$

On décompose I en 3 termes
$$I = I_1 + I_2 + I_3$$

$$I = \int_{x=0}^{x=\frac{1}{2}} \int_{Y=0}^{Y=x} YdxdY + \int_{x=0}^{x=\frac{1}{2}} \int_{Y=x}^{Y=1-x} xdxdY + \int_{x=\frac{1}{2}}^{x=1} \int_{Y=0}^{Y=1-x} YdxdY$$

$$I_1 = \int_{x=0}^{x=\frac{1}{2}} \int_{Y=0}^{Y=x} YdxdY = \int_{x=0}^{x=\frac{1}{2}} \frac{x^2}{2} dx$$

$$I_2 = \int_{x=0}^{x=\frac{1}{2}} \int_{Y=x}^{Y=1-x} x \, dx \, dY = \int_{x=0}^{x=\frac{1}{2}} x(1-2x) dx$$

$$I_3 = \int_{x=\frac{1}{2}}^{x=1} \int_{Y=0}^{Y=1-x} Y \, dx \, dY = \int_{x=\frac{1}{2}}^{x=1} \frac{(1-x)^2}{2} dx = \int_{s=\frac{1}{2}}^{s=0} -\frac{s^2}{2} ds = \int_{x=0}^{x=\frac{1}{2}} \frac{s^2}{2} dx$$

$$I = \int_{x=0}^{x=\frac{1}{2}} \frac{x^2}{2} + \frac{x^2}{2} + x(1-2x) dx = \int_{x=0}^{x=\frac{1}{2}} x(1-x) dx = \left[\frac{x^2}{2} - \frac{x^3}{3} \right]_0^{\frac{1}{2}} = \frac{1}{12}$$

$$P = 6I = \frac{1}{2}$$

2.3 Un nombre premier - Solution

Question : Soit p un nombre premier $p \geq 5$. Montrez que 24 divise $(p^2 - 1)$ c'est-à-dire
$24|(p^2 - 1)$.

Solution : Pour prouver que $24|(p^2 - 1)$ on peut prouver que $8|(p^2 - 1)$ et que $3|(p^2 - 1)$.

On remarque d'abord que $p^2 - 1 = (p-1)(p+1)$, et p étant premier, $(p-1)$ et $(p+1)$ sont deux nombres pairs consécutifs. Donc tous les deux sont divisibles par 2, et l'un d'eux est divisible par 4. Nous avons prouvé que $8|(p^2 - 1)$.

On observe ensuite que $p-1$, p et $p+1$ sont 3 entiers consécutifs. L'un d'eux au moins est divisible par 3 et cela ne peut pas être p car il est premier. Donc $3|(p^2-1)$ et $24|(p^2 - 1)$.

2.4 Le dernier premier - Solution

Question : Montrez qu'il existe une infinité de nombres premiers.

Solution : C'est une preuve classique de théorie de nombres. On raisonne par l'absurde, on suppose que l'ensemble des nombres premiers est fini. On considère l'entier

$$K = 1 + \prod_{i=0}^{M} n_i$$

K n'est divisible par aucun des nombres premiers dans l'ensemble car K modulo n_i est 1 pour tout n_i c'est à dire $K[n_i] = 1$. Donc K est un nombre premier qui n'appartient pas à l'ensemble de départ, et on a une contradiction.

2.5 Sous-suites d'Erdős - Solution

Question : Soit u_n, $n \in [1, 300]$ une suite composée de nombres réels, deux à deux distincts. Montrez qu'on peut en extraire une sous-suite de 17 éléments, soit strictement croissante, soit strictement décroissante.

Solution : La question porte sur les plus longues sous-suites extraites monotones. Intuitivement leur longueur augmente quand la longueur de la suite augmente. Notons I_i (resp. D_i) la plus longue sous-suite extraite croissante (resp. décroissante) dont le dernier élément est u_i. L'application $i \mapsto \{I_i, D_i\}$ est injective

$$m < n \Rightarrow \begin{cases} u_m < u_n; I_n > I_m \\ \text{or} \\ u_m > u_n; D_n > D_m \end{cases}$$

Donc si $n > p^2$ on est garanti de remplir le carré $[1,p] \times [1,p]$ et trouver une sous-suite monotone de longueur $p+1$. En fait pour tout n on peut trouver une sous-suite monotone de longueur $\lceil \sqrt{n} \rceil$. Dans notre cas, $n = 300$ et on peut extraire une sous-suite monotone de longueur 17.

Erdős dans le titre fait référence au théorème d'Erdős–Szekeres qui garanti que tout suite de nombres réels distincts de longueur $(r-1)(s-1)+1$ ou plus, contient une sous-suite croissante de longueur r ou une sous-suite décroissante de longueur s. dans notre cas $r = s = 17$ et 290 est la longueur nécessaire pour la suite originale.

2.6 Omelette - Solution

Question : Vous avez 2 oeufs et un immeuble de 100 étages. Les oeufs sont identiques. Vous souhaitez trouver l'étage le plus haut duquel l'oeuf ne se casse pas si on le jette. Si un oeuf ne se casse pas, il n'est pas endommagé et peut être utilisé pour un nouveau test. Mais si l'oeuf se casse il ne peut plus être utilisé. Si un oeuf se casse lorsqu'on le lance de l'étage n, alors il se casserait de tous les étages supérieurs à n. Si un oeuf survit au lancer de l'étage n, alors il survivrait aux lancers de tous les étages inférieurs.

Quelle stratégie adopter pour trouver la solution avec un minimum de lancers ?

Solution : L'objectif est de minimiser le nombre de lancers dans le pire des cas. Si on n'avait qu'un oeuf, il faudrait essayer tous les étages en commençant par le plus bas, et passer à l'étage supérieur si l'oeuf ne se casse pas. Dans le pire des cas il faudrait 100 lancers. Avec 2 oeufs on peut améliorer cette stratégie en sautant des étages dans un premier temps, puis si le premier oeuf se casse, en testant l'intervalle identifié étage par étage. Notons u_i la suite d'étages que nous allons tester avec le premier oeuf et $W(k)$ le nombre de lancers nécessaires, dans le pire des cas, pour résoudre le problème avec 2 oeufs et k étages. Après avoir lancé le premier oeuf de l'étage u_1, soit l'oeuf se brise et on doit tester tous les étages entre 1 et $u_i - 1$, soit l'oeuf reste entier et on a 2 oeufs et $(100 - u_i)$ étages à tester

$$W(100) = \max\left(u_1, 1 + W(100 - u_1)\right)$$

On refait le même raisonnement jusqu'au $i^{\text{ème}}$ étage

$$W(100) = \max\left(u_1, u_2 - u_1 + 1, u_3 - u_2 + 2, \ldots, 1 + W(100 - u_i)\right)$$

On note v_i la suite d'incréments $v_i = u_i - u_{i-1}$, et $v_1 = u_1$. L'équation devient

$$W(100) = \max\left(v_1, v2 + 1, v_3 + 3, \ldots, 1 + W\left(100 - \sum_{k=1}^{i} v_k\right)\right)$$

La formule du nombre d'essais nécessaire devient

$$W(100) = \max\left(v_1, v2 + 1, v_3 + 2, \ldots, v_n + n - 1\right)$$

Cette quantité est minimale lorsque tous les arguments sont égaux. De plus la somme des incréments est égale à 100

$$\sum_{k=1}^{n} v_k = 100$$

On note $M = v_i + i - 1$, pour n donné, la condition sur M est

$$\sum_{k=1}^{n}(M - k + 1) = nM + n - \sum_{k=1}^{n} k > 100$$

$$M > \frac{100}{n} - 1 + \frac{n+1}{2}$$

En dérivant le membre droit de l'équation on trouve que le minimum est atteint pour $n = \sqrt{200} \approx 14.14$ soit $M = 15$. Dans le pire des cas 15 lancers sont nécessaires, et l'ordre des étages à tester avec le premier oeuf est

$$15, 29, 42, 54, 65, 75, 84, 92, 99, 100$$

2.7 Difficile à avaler - Solution

Question : Un homme aveugle est seul sur une île déserte. Il a 4 comprimés, 2 rouges et 2 bleus. Il doit prendre exactement un comprimé rouge et un bleu pour survivre. Comment s'y prend-il ?

Solution : Couper tous les comprimés en 2, et à chaque fois avaler une moitié et laisser l'autre de coté.

2.8 Théorie des jeux - Solution

Question : Un joueur A invite un joueur B à jouer le jeu suivant : A choisit un entier n entre 1 et 100 et le note sur un papier. B essaye de deviner n. S'il réussit, il reçoit n euros. Quel est le juste prix pour ce jeu et quelle doit être la stratégie des joueurs A et B ?

Solution : Le joueur A peut être tenté de choisir 1 et avoir la garantie de ne pas perdre plus que 1 euro. La stratégie gagnante devra donc avoir une perte en moyenne inférieure à 1. L'idée pour cette question est de constater que les deux joueurs ont accès à la même quantité d'information. Le joueur B devinera donc la stratégie de A et exploitera cette information. On note p la distribution de probabilité discrète que A utilise pour son choix. Lorsque B choisit le nombre i son espérance de gain est de $g_i = p(i).i$. On se rappelle que B va deviner la distribution p et il tentera de maximiser son gain, et A de minimiser sa perte qui est la quantité

$$M = \max_{i \in [1,100]} g_i$$

Ce maximum est minimisé lorsque tous les éléments sont égaux, $p(i).i = \lambda$. On trouve λ en utilisant les propriétés d'une probabilité

$$\sum_1^{100} p(i) = \sum_1^{100} \frac{\lambda}{i} = 1$$

$$\lambda = \frac{1}{\sum_1^{100} \frac{1}{i}} \approx \frac{1}{1+\ln(n)}$$

Le joueur A choisira donc i avec une probabilité $p(i) = \frac{\lambda}{i}$. L'espérance de perte (gain) pour A (b) est $G = p(i).i = \lambda$. L'application numérique pour $i \in [1, 100]$ donne $G \approx 0.18$.

2.9 Équilibre stable I - Solution

Question : N tigres tournent autour d'une antilope. Si un tigre mange l'antilope ou un autre tigre, il s'endort immédiatement et devient une proie pour les autres tigres. Un tigre mange tout repas qui ne met pas sa vie en danger. L'antilope continue à pâturer tranquillement. Pourquoi ?

Solution : C'est un style classique de questions dans lesquelles un équilibre inattendu apparaît dans le système. La meilleure stratégie est d'analyser le système pour un petit nombre de tigres.

- 1 tigre : Le tigre mange l'antilope, il ne risque rien s'il s'endort après le repas.
- 2 tigres : Si un tigre mange l'antilope, il s'endort et est dévoré à son tour. Les tigres le savent et ne prennent pas le risque. Le système à 2 tigres est stable.
- 3 tigres : Les tigres ont lu ce livre et savent que le système à 2 tigres est stable. L'un deux mangera donc l'antilope et deviendra la proie dans un système stable à 2 tigres.
- 4 tigres : Les tigres savent que le système à 3 tigres est instable, aucun ne se risque à manger l'antilope. Le système à 4 tigres est stable.

On voit que les systèmes avec un nombre pair de tigres sont stables. L'antilope est détendue car elle a compté les tigres et trouvé un nombre pair.

2.10 Équilibre stable II - Solution

Question : 100 moines qui ont fait voeu de silence vivent dans un monastère sans miroir ni surface réfléchissante. Ils ont une règle primordiale : aucun moine ne doit avoir les yeux rouges. Si un moine découvre qu'il a les yeux rouges, il doit se suicider le jour même à minuit. Un jour un touriste visite le monastère et déclare "Au moins l'un de vous a les yeux rouges !". Que se passe-t-il ensuite ?

Solution : C'est une variante de ce genre de questions dans lesquelles un équilibre inattendu apparaît. On commence par analyser les systèmes avec peu de moines aux yeux rouges (groupe YR)

- Zero moine YR, le touriste leur à menti. A la fin du premier jour tous les moines pensent être le moine aux yeux rouges car ils ne voient aucun autre YR. À minuit tous les moines se suicident. Ce serait une bien mauvaise farce et on va supposer que le touriste ne leur a pas menti.
- 1 moine YR : Le moine YR ne voit aucun autre YR, il en déduit donc qu'il est YR et se suicide à minuit.
- 2 moines YR : Le premier jour, Les moines YR pensent qu'il n'y a qu'un YR dans le groupe, celui qu'ils voient. Personne ne se suicide à minuit. Ils réalisent a ce moment la qu'ils sont dans un système à 2 moines YR, ils se suicident tous les deux le deuxième jour à minuit.
- 3 moines YR : Les moines YR pensent être dans un système 2 YR. Mais personne ne se suicide le deuxième soir, ils en déduisent donc que c'est un système 3YR et se suicident tous le troisième soir.

La récurrence est claire et en conclusion, dans un système avec j moines YR, tous les moines YR se suicident la $j^{ème}$ nuit.

2.11 À tombeau ouvert - Solution

Question : Une voiture parcourt 100km en 1 heure. Montrez qu'à un moment pendant le trajet sa vitesse est exactement 100km/h.

Solution : C'est un type de questions assez classique qui exploite la continuité de la fonction ou de sa dérivée. On note $x(t)$ la position de la voiture au temps t. $x(0) = 0$, $x(1) = 100$, x est dérivable deux fois (sa dérivée seconde est l'accélération). Le théorème des accroissements finis nous dit que

$$\exists c \in [0,1] : \ x'(c) = \frac{x(1) - x(0)}{1} = 100$$

On peut aussi raisonner avec le théorème des valeurs intermédiaires. Si la vitesse moyenne est 100, la vitesse ne peux pas toujours être supérieure à 100, ainsi qu'elle ne peut pas être toujours inférieure à 100. Il existe donc un moment t_h auquel la vitesse est supérieure ou égale à 100, et un moment t_b auquel la vitesse est inférieure ou égale à 100. Donc $x'(t_h) \geq 100$ et $x'(t_l) \leq 100$ et $\exists c : x'(c) = 100$.

2.12 Pile ou face russe I - Solution

Question : Trois joueurs sont assis autour d'une table. Le joueur A lance une pièce. S'il obtient pile, il gagne, sinon il passe la pièce à B, assis à sa droite. B lance la pièce à son tour, s'il obtient pile, il gagne, sinon il le passe à C etc... Quelle est la probabilité pour chaque joueur de gagner ?

Solution : Il existe une manière élégante de résoudre ce problème basée sur la symétrie de la position des joueurs. On note p_A (resp. p_B, p_C) la probabilité que le joueur A (resp. B, C) gagne la partie et on définit p comme suit

$$p = P\left\{\text{Le joueur qui commence remporte la partie}\right\}$$

on voit clairement que $p_A = p$. Par symétrie, si le joueur A obtient face, le joueur B se retrouve en position de commencer la partie avec une probabilité p de gagner. Donc

$$p_B = P\left\{\text{A obtient face} \cap \text{Le joueur qui commence remporte la partie}\right\} = \frac{p}{2}$$

$$p_C = \frac{p}{4}$$

De plus, la probabilité que personne ne gagne est nulle

$$P\left\{\text{Personne ne gagne}\right\} = \lim_{\infty} \frac{1}{2}^n = 0$$

et
$$p_A + p_B + p_C = p + \frac{p}{2} + \frac{p}{4} = 1$$
$$p = \frac{4}{7} = p_A; \; p_B = \frac{2}{7}; \; p_C = \frac{1}{7}$$

La question peut également être résolue avec des séries. Nous trouvons que

$$p_A = \frac{1}{2} + \frac{1}{2} \cdot \frac{1}{2}^3 + \cdots + \frac{1}{2} \cdot \frac{1}{2}^{3i}$$

$$p_A = \frac{1}{2} \sum_{i=0}^{\infty} \frac{1^i}{8} = \frac{1}{2} \frac{1}{1 - \frac{1}{8}} = \frac{4}{7}$$

2.13 Pile ou face russe II - Solution

Question : Trois joueurs sont assis autour d'une table. Ils ont une pièce de monnaie bizarre qui tombe sur pile ou face avec une probabilité égale à $\frac{1}{4}$ et tombe sur la tranche avec une probabilité $\frac{1}{2}$. Le joueur A lance la pièce. S'il obtient la tranche, il gagne, s'il obtient pile il passe la pièce au joueur B à sa droite, s'il obtient face il passe la pièce au joueur C à sa gauche. Le joueur suivant recommence et ainsi de suite. Quelle est la probabilité pour chaque joueur de gagner ?

Solution : On note $P(i|j)$ la probabilité pour le joueur j de gagner une partie initiée par le joueur i. La probabilité que personne ne gagne est de zéro

$$P\{\text{Personne ne gagne}\} = \lim_{\infty} \frac{1}{2}^n = 0$$

donc
$$P(A|A) + P(B|A) + P(C|A) = 1$$

On peut résumer les cas possibles après que A ait joué

$$\text{A joue} \begin{cases} \text{A obtient pile avec une probabilité } \frac{1}{4}; \text{ B gagne avec une probabilité } P(B|B) \\ \text{A obtient face avec une probabilité } \frac{1}{4}; \text{ B gagne avec une probabilité } P(B|C) \\ \text{A obtient la tranche avec une probabilité } \frac{1}{2}; \text{ A gagne} \end{cases}$$

et
$$P(B|A) = \frac{1}{4} P(B|B) + \frac{1}{4} P(B|C)$$

donc par symétrie $P(B|B) = P(A|A)$ and $P(B|C) = P(C|A)$ et

$$P(B|A) = \frac{1}{4} P(A|A) + \frac{1}{4} P(C|A)$$

Nous avons aussi par symétrie
$$P(B|A) = P(C|A)$$
et le système d'équation est
$$P(A|A) + 2P(B|A) = 1$$
$$\frac{3}{4}P(B|A) = \frac{1}{4}P(A|A)$$
on trouve $P(A|A) = \frac{3}{5}$ et $P(B|A) = P(C|A) = \frac{1}{5}$.

2.14 Chaises musicales - Solution

Question : N invités attendent d'être installés à une table de mariage. À Chaque invité est associé un numéro de chaise, mais le premier invité a bu un verre de trop et choisit son siège au hasard. Les personnes suivantes s'installent de la manière suivante
— Si le siège avec leur numéro est libre, ils s'y installent
— Si le siège avec leur numéro est pris, ils choisissent un autre siège au hasard
Quelle est la probabilité que le dernier invité termine sur le siège qui lui était assigné au départ ?

Solution : Notons 1 le siège assigné à l'invité qui a trop bu, et n le siège de la dernière personne qui va s'installer. À tout moment, si une autre personne choisit de s'asseoir sur la chaise n, la dernière personne n'aura pas son siège attitré. Une autre observation est cruciale : si à un moment donne un des invites choisit de s'asseoir sur la chaise 1 alors le dernier invité pourra s'asseoir sur son siège n. En effet, la suite des personnes qui sont déplacées est une permutation cyclique et si quelqu'un choisit le siège 1 le cycle se ferme.

Invité	k	1	i	j
Siège	1	i	j	k

Donc, tant que les sièges 1 et n sont libres, tout nouvel entrant k a les choix suivants
$$\begin{cases} p = \frac{1}{k} \text{ de choisir 1, le dernier invité aura son siège attitré} \\ p = \frac{1}{k} \text{ de choisir n, le dernier invité n'aura pas son siège attitré} \\ p = \frac{k-2}{k} \text{ de choisir un autre siège, le choix entre 1 et } n \text{ est repoussé} \end{cases}$$

Il n'est pas important de savoir combien de fois le choix entre 1 et n sera repoussé, quand ce choix sera fait, les probabilités de choisir 1 ou n seront égales. La probabilité que la dernière personne obtienne son siège attitré est de $\frac{1}{2}$.

2.15 4 pièces, 1 table - Solution

Question : 4 pièces sont posées aux coins d'une table rotative, le joueur a les yeux bandés. À chaque tour, le joueur peut retourner autant de pièces qu'il souhaite, il demande ensuite au Maître du jeu si toutes les pièces ont le coté pile visible. Si c'est le cas, le joueur gagne, sinon le Maître du jeu peut faire tourner la table de manière arbitraire avant le tour suivant. Y a-t-il une stratégie gagnante pour le joueur ?

Solution : On utilise la notation [p,p,p,f] pour décrire la position actuelle, p représente une pièce avec le coté pile visible, et f une pièce avec le coté face visible. On regroupe les positions en classes, stables par permutation cyclique. Cela veut dire par exemple que les positions [f,p,p,p], [p,f,p,p], [p,p,f,p] sont regroupées dans la même classe. Chaque fois que le joueur demande au Maître du jeu si la position est gagnante, il peut aussi retourner toutes les pièces et ainsi tester la position complémentaire. On décide donc d'inclure les positions complémentaires dans les classes. Cela veut dire par exemple que les positions [f,p,p,p], [p,f,f,f], [p,f,p,p], [f,p,f,f] etc... sont dans une même classe.

On introduit la notation [t,o,o,o] pour indiquer quelles pièces sont retournées par le joueur. t représente une pièce qui est retournée par le joueur, o un pièce non retournée. On regroupe aussi les actions du joueur (ou transitions) en classes stables par permutation cyclique.

$$\text{Classes de position} \begin{cases} p_1 : [\text{p,p,p,p}] \\ p_2 : [\text{f,p,p,p}] \\ p_3 : [\text{f,f,p,p}] \\ p_4 : [\text{f,p,f,p}] \end{cases} \quad \text{Classes de transition} \begin{cases} t_1 : [\text{t,t,t,t}] \\ t_2 : [\text{t,o,o,o}] \\ t_3 : [\text{t,t,o,o}] \\ t_4 : [\text{t,o,t,o}] \end{cases}$$

La transition t_1 est utilisée a chaque tour par le joueur pour tester la position complémentaire. La position p_1 est une position gagnante. On obtient le diagramme suivant

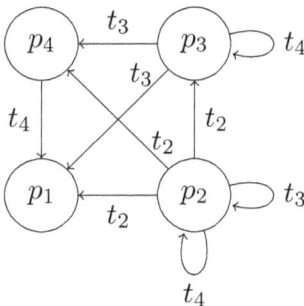

On constate que la transition t_4 appliquée à p_4 amène à p_1. On voit aussi que p_2 et p_3 sont stables par t_4. Notez que le diagramme ne contient pas certaines transitions défavorables, par exemple t_2 appliquée à p_4 ramène à p_2. Mais on peut trouver une stratégie avec les informations disponibles dans le diagramme

— On demande au Maître du jeu si la position de départ est gagnante, si ce n'est pas le cas on n'est pas en p_1

— On applique la transition t_4. Si nous arrivons à une position gagnante alors nous étions en p_4. Sinon, nous étions et sommes encore en p_2 ou p_3.

— On applique maintenant t_3 puis t_4. Si nous arrivons dans une position gagnante (après avoir appliqué t_3 ou après avoir appliqué t_4) alors nous étions en p_3, sinon cela veut dire que nous étions et sommes encore en p_2

— Nous savons maintenant que nous sommes en p_2. Nous appliquons t_2, t_3 et t_4 pour gagner.

L'algorithme gagnant est donc (en incluant les tests de position complémentaire)

$$t_4, t_1, t_3, t_1, t_4, t_1, t_2, t_1, t_3, t_1, t_4, t_1$$

2.16 N pièces, 1 Table - Solution

Question : 2 joueurs placent des pièces de taille égale sur une table ronde de grandes dimension par rapport aux pièces. Les pièces ne peuvent pas être superposées, et doivent être en contact complet avec la table. Le premier joueur qui n'a plus d'espace pour poser sa pièce perd le jeu. Vaut-il mieux jouer en premier, et y a-t-il une stratégie gagnante ?

Solution : La table est ronde et la stratégie gagnante dans ce jeu exploite la symétrie centrale de la table. Le premier joueur A place sa pièce exactement au centre de la table. A chaque fois que B place une pièce, A peut alors répliquer en plaçant sa pièce dans la position exactement symétrique. Cette stratégie force B à explorer une nouvelle zone de la table alors que A est garanti de trouver la place symétrique libre. B finira par ne plus trouver de place et A est certain de gagner.

Chapitre 3

Calcul stochastique

Calcul stochastique

3.1 Espérance lognormale ♠ (Natixis)

Calculez $\mathbb{E}(\exp(X))$ où X suit une distribution normale
$$X \sim \mathcal{N}\left(\mu, \sigma^2\right)$$

Solution en page 31

3.2 Brownien cumulé ♠ (Deutsche Bank)

Calculez $\mathbb{E}(\Phi(B_t))$ où B_t est un mouvement brownien et Φ suit une distribution normale standard.

Solution en page 32

3.3 Itô cumulatif ♠ (BNP)

Trouvez pour chaque processus X_t ci-dessous le processus $a(s, \omega)$ qui vérifie
$$X_t = E[X_t] + \int_0^t a\, dB_s$$

i) $X_t = B_t^2$
ii) $X_t = B_t^3$
iii) $X_t = e^{B_t}$
iv) $X_t = \sin B_t$

Solution en page 32

3.4 Couloir à 2 murs ♠♠ (BNP)

Soit B_t un mouvement brownien et soient u et d 2 nombres réels positifs. On considère une option qui paye 1 si B_t atteint u et est resté supérieur à $-d$
$$\exists t_0 : B_{t_0} = u;\ \forall t \in [0, t_0], B_t > -d$$

Le paiement est effectué lorsque la barrière est touchée. Calculez le prix de l'option quand les taux sont nuls. Calculez le temps moyen de sortie c.à.d. le temps moyen avant d'atteindre u ou $-d$.

Solution en page 34

3.5 Couloir à 1 mur ♠♠ (BNP)

Soit B_t un mouvement brownien et soit u un nombres réel positif. On considère une option qui paye 1 si B_t atteint u

$$\exists t_0 : B_{t_0} = u; \ \forall t \in [0, t_0], B_t > -d$$

Le paiement est effectué quand la barrière est touchée. Calculez le prix de l'option quand les taux sont nuls et quand $r > 0$.

Solution en page 35

3.6 Couloir à 2 murs avec taux non nuls ♠♠ (BNP)

Soit B_t un mouvement brownien et soient u et d 2 nombres réels positifs. On considère une option qui paye 1 si B_t atteint u et est resté supérieur a $-d$

$$\exists t_0 : B_{t_0} = u; \ \forall t \in [0, t_0], B_t > -d$$

Le paiement est effectué lorsque la barrière est touchée. Calculez le prix de l'option avec des taux $r > 0$.

Solution en page 36

3.7 Couloir avec rebonds ♠♠♠ (BNP)

Soit B_t un mouvement brownien et soient u et d 2 nombres réels positifs. On considère une option qui paye 1 si B_t atteint u et a atteint la barrière inférieure auparavant. Si l'option atteint u avant la barrière inférieure, l'option expire et ne paye rien.

$$\text{Paye 1 si } \exists t_0 : B_{t_0} = u; \ \exists t_1 \in [0, t_0] : B_{t_1} = -d$$

$$\text{Paye 0 si } \exists t_0 : B_{t_0} = u; \ \forall t \in [0, t_0], B_t > -d$$

Le paiement est effectué lorsque la barrière est touchée. Calculez le prix de l'option avec des taux $r > 0$. Généralisez le résultat à une option barrière qui paye 1 après n rebonds (l'option paye 1 si l'option atteint $-d$ puis u etc... n fois, et paye 0 si l'option atteint u en premier.)

Solution en page 37

3.8 Pont brownien ♠ (JP Morgan)

Soit B_s un pont brownien, c'est à dire un mouvement brownien contraint, tel que $B_0 = 0$ et $B_t = x$. Quelle est la distribution de B_s, pour $0 \le s < t$?

Solution en page 38

3.9 Martingales ? ♠ (Société Générale)

Les processus suivants sont-ils des martingales ?

i) $X_t = B_t + 8t$
ii) $X_t = B_t^2$
iii) $X_t = B_t^3$
iv) $X_t = t^2 B_t - 2 \int_0^t s B_s ds$

Solution en page 39

3.10 Martingale naturelle ♠♠♠ (JP Morgan)

Soit Y une variable aléatoire sur $(\Omega, \mathcal{F}, P)$ telle que

$$E[|Y|] < \infty$$

Soit

$$M_t = E[Y|\mathcal{F}_t]; \quad t \ge 0$$

Montrez que M_t est une $\mathcal{F}_t$-martingale. Réciproquement, soit M_t ; $t \ge 0$ une $\mathcal{F}_t$-martingale réelle telle que

$$\sup_{t \ge 0} E\left[|M_t|^p\right] < \infty \quad \text{pour un réel } p > 1$$

Montrez qu'il existe une v.a. $Y \in L^1(P)$ telle que $M_t = E[Y|\mathcal{F}_t]$.

Solution en page 40

3.11 Brownien exponentiel ♠♠ (JP Morgan)

Soit B_t un mouvement brownien sur $\mathbf{R}$, $B_0 = 0$. Montrez que

$$\mathbb{E}\left[e^{iuB_t}\right] = \exp\left(-\frac{1}{2}u^2 t\right) \quad \text{pour tout } u \in \mathbf{R}$$

Utilisez le développement polynomial de la fonction exponentielle, comparez les deux membres de l'équation et montrez que

$$\mathbb{E}\left[B_t^4\right] = 3t^2$$

et plus généralement que

$$\mathbb{E}\left[B_t^{2k}\right] = \frac{(2k)!}{2^k \cdot k!} t^k; \quad k \in \mathbf{N}$$

Solution en page 41

Chapitre 4

Calcul stochastique - Solutions

Calcul stochastique - Solutions

4.1 Espérance lognormale - Solution

Question : Calculez $\mathbb{E}(\exp(X))$ où X suit une distribution normale
$$X \sim \mathcal{N}\left(\mu, \sigma^2\right)$$

Solution : Le résultat peut être trouvé avec élégance, on sait que Y_t est une martingale où

$$Y_t = \exp\left(-\frac{\sigma^2}{2}t + \sigma B_t\right) = \exp\left(-\frac{\sigma^2}{2}t + \sigma\sqrt{t}Z\right)$$

où Z est une distribution normale standard. $X' = \mu + \sigma Z$ a la même distribution que X, on pose $t = 1$

$$\mathbb{E}(Y_1) = \mathbb{E}(Y_0) = 1 = \exp\left(-\frac{\sigma^2}{2} - \mu\right)\mathbb{E}\left(\exp\left(\mu + \sigma Z\right)\right)$$

et donc

$$\mathbb{E}\left(\exp(X)\right) = \exp\left(\frac{\sigma^2}{2} + \mu\right)$$

L'espérance peut également être calculée à l'aide d'intégrales

$$\mathbb{E}\left(\exp(X)\right) = \int_{-\infty}^{\infty} \exp(x) \frac{1}{\sqrt{2\pi}\sigma} \exp\left(-\frac{(x-\mu)^2}{2\sigma^2}\right) dx$$

$$\mathbb{E}\left(\exp(X)\right) = \frac{1}{\sqrt{2\pi}\sigma} \int_{-\infty}^{\infty} \exp\left(\frac{2\sigma^2 x x^2 + 2\mu x - \mu^2}{2\sigma^2}\right) dx$$

$$\mathbb{E}\left(\exp(X)\right) = \frac{1}{\sqrt{2\pi}\sigma} \int_{-\infty}^{\infty} \exp\left(\frac{-(x-(\sigma^2+\mu))^2}{2\sigma^2} + \frac{\sigma^4 + 2\mu\sigma^2}{2\sigma^2}\right) dx$$

$$\mathbb{E}\left(\exp(X)\right) = \exp\left(\frac{\sigma^2}{2} + \mu\right) \int_{-\infty}^{\infty} \frac{1}{\sqrt{2\pi}\sigma} \exp\left(\frac{-(x-(\sigma^2+\mu))^2}{2\sigma^2}\right) dx$$

On identifie l'intégrale de la densité d'une distribution normale, égale à 1 et

$$\mathbb{E}\left(\exp(X)\right) = \exp\left(\frac{\sigma^2}{2} + \mu\right)$$

4.2 Brownien cumulé - Solution

Question : Calculez $\mathbb{E}(\Phi(B_t))$ où B_t est un mouvement brownien et Φ suit une distribution normale standard.

Solution : La solution élégante à ce problème est basée sur la symétrie du mouvement brownien :

$$\mathbb{E}\left(\Phi\left(W_t\right)\right) = \mathbb{E}\left(\Phi\left(-W_t\right)\right) = \mathbb{E}\left(1 - \Phi\left(W_t\right)\right) = 1 - \mathbb{E}\left(\Phi\left(W_t\right)\right)$$

et nous obtenons

$$\mathbb{E}\left(\Phi\left(W_t\right)\right) = \frac{1}{2}$$

Le résultat peut également être prouvé à l'aide d'intégrales

$$\mathbb{E}\left(\Phi\left(W_t\right)\right) = \int_{-\infty}^{+\infty} \left(\int_{-\infty}^{x} \frac{1}{\sqrt{2\pi}} \exp\left(\frac{-u^2}{2}\right) du\right) \frac{1}{\sqrt{2\pi t}} \exp\left(\frac{-x^2}{2t}\right) dt$$

$$\mathbb{E}\left(\Phi\left(W_t\right)\right) = \int_{-\infty}^{+\infty} \Phi(x)\Phi'(x)dx = \left[\frac{\Phi^2(x)}{2}\right]_{-\infty}^{+\infty} = \frac{1}{2}$$

4.3 Itô cumulatif Itô- Solution

Question : Trouvez pour chaque processus X_t ci-dessous le processus $a(s, \omega)$ qui vérifie

$$X_t = E[X_t] + \int_0^t a \, dB_s$$

i) $X_t = B_t^2$ \qquad iii) $X_t = e^{B_t}$

ii) $X_t = B_t^3$ \qquad iv) $X_t = \sin B_t$

Solution :

i) $X_t = B_t^2$

Nous appliquons la formule de Itô pour trouver la dynamique de X_t

$$dX_t = 2B_t dB_t + dt$$

$$X_t = t + \int_0^t 2B_s dB_s$$

Ce qui correspond à la décomposition requise avec

$$\mathbb{E}[X_t] = t; \quad a = 2B_s$$

ii) $X_t = B_t^3$

En appliquant la formule de Itô, nous obtenons

$$dX_t = 3B_t^2 dB_t + 3B_t dt$$

nous devons décomposer davantage le terme $3B_t dt$, nous considérons le processus $Y_t = tB_t$

$$dY_t = B_t dt + t dB_t$$

$$Y_t = \int_0^t B_s ds + \int_0^t s dB_s$$

Donc

$$\int_0^t B_s ds = tB_t - \int_0^t s dB_s$$

on peut réinjecter cette équation dans X_t

$$X_t = \int_0^t 3B_s^2 dB_s + 3tB_t - 3\int_0^t s dB_s$$

$$X_t = \int_0^t 3B_s^2 dB_s + 3t\int_0^t dB_s - 3\int_0^t s dB_s$$

donnant la décomposition souhaitée avec

$$\mathbb{E}[X_t] = 0; \quad a = 3B_s^2 + 3(t-s)$$

iii) $X_t = e^{B_t}$

Nous appliquons la formule de Itô pour trouver la dynamique de X_t

$$dX_t = e^{B_t} dB_t + \frac{1}{2} e^{B_t} dt$$

On peut éliminer le terme en dt avec une technique classique utilisée pour la dérivation d'Ornstein Uhlenbeck (voir page 73). On note A une constante et on considère le processus $Y_t = e^{At} e^{B_t}$

$$dY_t = e^{B_t} e^{At} dB_t + \frac{1}{2} e^{B_t} e^{At} dt + A e^{B_t} e^{At} dt$$

on choisit $A = -\frac{1}{2}$ et on obtient

$$d\left(e^{B_t} e^{\frac{-t}{2}}\right) = e^{B_t} e^{\frac{-t}{2}} dB_t$$

$$e^{B_t}e^{\frac{-t}{2}} - 1 = \int_0^t e^{B_s}e^{\frac{-s}{2}}dB_s$$

et

$$e^{B_t} = e^{\frac{t}{2}} + \int_0^t e^{B_s+\frac{t-s}{2}}dB_s$$

donnant la décomposition

$$\mathbb{E}[X_t] = e^{\frac{t}{2}}; \quad a = e^{B_s+\frac{t-s}{2}}$$

iv) $X_t = \sin B_t$

On commence par la formule de Itô pour trouver la dynamique de X_t

$$dX_t = \cos B_t dB_t - \frac{1}{2}\sin B_t dt$$

On peut éliminer le terme en dt en introduisant $Y_t = e^{\frac{t}{2}}\sin B_t$ (voir cas précédent).

$$d\left(\sin B_t e^{\frac{t}{2}}\right) = \cos B_t e^{\frac{t}{2}}dB_t$$

et

$$\sin B_t = \int_0^t \cos B_s e^{\frac{s-t}{2}}dB_s$$

donnant la décomposition

$$\mathbb{E}[X_t] = 0; \quad a = \cos B_s e^{\frac{s-t}{2}}$$

4.4 Couloir à 2 murs - Solution

Question : Soit B_t un mouvement brownien et soient u et d 2 nombres réels positifs. On considère une option qui paye 1 si B_t atteint u et est resté supérieur à $-d$

$$\exists t_0 : B_{t_0} = u; \ \forall t \in [0, t_0], B_t > -d$$

Le paiement est effectué lorsque la barrière est touchée. Calculez le prix de l'option quand les taux sont nuls. Calculez le temps moyen de sortie c.à.d. le temps moyen avant d'atteindre u ou $-d$.

Solution : Il s'agit d'une application classique du théorème d'arrêt optionnel (voir page 93). Nous définissons τ le premier temps d'atteinte de u ou $-d$. τ est un temps d'arrêt. Le processus $B_{\tau \wedge t}$ est une martingale bornée. En appliquant le théorème d'arrêt optionnel à $B_{\tau \wedge t}$ et τ on obtient

$$\mathbb{E}\left(B_{\tau \wedge \tau}\right) = \mathbb{E}\left(B_{\tau}\right) = \mathbb{E}\left(B_{0}\right) = 0$$

et

$$\mathbb{E}\left(B_{\tau}\right) = p.u - (1-p).d = 0$$

où p est la probabilité d'atteindre u en premier. Le prix de l'option est donc

$$\text{Prix} = P\left\{\text{atteindre } u \text{ en premier}\right\} = \frac{d}{u+d}$$

4.5 Couloir à 1 mur - Solution

Question : Soit B_t un mouvement brownien et soit u un nombres réel positif. On considère une option qui paye 1 si B_t atteint u

$$\exists t_0 : B_{t_0} = u; \ \forall t \in [0, t_0], B_t > -d$$

Le paiement est effectué quand la barrière est touchée. Calculez le prix de l'option quand les taux sont nuls et quand $r > 0$.

Solution : Dans cette variante, le mouvement brownien arrêté n'est pas borné et nous ne pouvons pas appliquer directement le théorème d'arrêt optionnel. En fait, la probabilité d'atteindre u est de 1 car la probabilité que le mouvement brownien atteigne un point donné est de 1 (voir page 94). Le prix de l'option sans taux est de 1. Lorsque les taux d'intérêt sont appliqués, nous devons évaluer $\mathbb{E}\left(\exp\left(-r\tau_u\right)\right)$ où τ_u est le premier temps d'atteinte de u. Pour l'évaluer on considère la martingale

$$X_t = \exp\left(aB_t - \frac{a^2}{2}t\right)$$

avec $a > 0$. Le processus $X_{\tau \wedge t}$ est une martingale bornée. En appliquant le théorème d'arrêt optionnel (voir page 93) à $X_{\tau_u \wedge t}$ et τ_u on obtient

$$\mathbb{E}\left(X_{\tau_u \wedge \tau_u}\right) = \mathbb{E}\left(X_{\tau_u}\right) = \mathbb{E}\left(X_0\right) = 1$$

et

$$\mathbb{E}\left(X_{\tau_u}\right) = \mathbb{E}\left(\exp\left(a.u - \frac{a^2}{2}\tau_u\right)\right) = 1$$

$$\mathbb{E}\left(\exp\left(-\frac{a^2}{2}\tau_u\right)\right) = \exp(-a.u)$$

Nous définissons $a = \sqrt{2r}$ pour trouver le prix de l'option

$$\text{Prix} = \mathbb{E}\left(\exp\left(-r\tau_u\right)\right) = \exp\left(-\sqrt{2r}.u\right)$$

NB. La version unilatérale du couloir peut être une question déroutante. La question est parfois posée avec un stock suivant la dynamique du mouvement brownien, commençant en A et payant 1 si le stock atteint $B > A$. L'intervieweur suppose souvent que le processus se comporte comme un stock dans le sens où s'il touche zéro le processus reste à zéro (le stock d'une entreprise est égal à zéro en cas de défaut). Cette version équivaut à un couloir à 2 murs entre 0 et B.

4.6 Couloir à 2 murs avec taux non nuls - Solution

Question : Soit B_t un mouvement brownien et soient u et d 2 nombres réels positifs. On considère une option qui paye 1 si B_t atteint u et est resté supérieur a $-d$

$$\exists t_0 : B_{t_0} = u; \ \forall t \in [0, t_0], B_t > -d$$

Le paiement est effectué lorsque la barrière est touchée. Calculez le prix de l'option avec des taux $r > 0$.

Solution : Nous définissons τ le premier temps d'atteinte de u ou $-d$. Soit U le sous-ensemble de Ω où u est atteint en premier et D le sous-ensemble où $-d$ est atteint en premier. Nous devons évaluer $\mathbb{E}\left(\mathbb{1}_U \exp\left(-r\tau\right)\right)$. On considère la martingale

$$X_t = \exp\left(-rt + \sqrt{2r} B_t\right)$$

$X_{\tau \wedge t}$ est une martingale bornée. En appliquant le théorème d'arrêt optionnel (voir page 93) à $X_{\tau_u \wedge t}$ et τ_u on obtient

$$\mathbb{E}(X_\tau) = \mathbb{E}\left(\mathbb{1}_U \exp\left(-r\tau + \sqrt{2r}u\right)\right) + \mathbb{E}\left(\mathbb{1}_D \exp\left(-r\tau - \sqrt{2r}d\right)\right) = 1$$

Mais cela est également vrai pour le processus

$$Y_t = \exp\left(-rt - \sqrt{2r} B_t\right)$$

donnant le système d'équations

$$\exp\left(\sqrt{2r}u\right) A_u + \exp\left(-\sqrt{2r}d\right) A_d = 1$$

$$\exp\left(-\sqrt{2r}u\right) A_u + \exp\left(\sqrt{2r}d\right) A_d = 1$$

où $A_u = \mathbb{E}\left(\mathbb{1}_U \exp\left(-r\tau\right)\right)$ et $A_d = \mathbb{E}\left(\mathbb{1}_D \exp\left(-r\tau\right)\right)$. On résout le système et on trouve

$$A_u = \frac{\sinh\left(\sqrt{2r}u\right)}{\sinh\left(\sqrt{2r}(u+d)\right)}$$

$$A_d = \frac{\sinh\left(\sqrt{2r}d\right)}{\sinh\left(\sqrt{2r}(u+d)\right)}$$

et dans ce cas

$$\text{Prix} = A_u = \mathbb{E}\left(\mathbb{1}_U \exp\left(-r\tau\right)\right)$$

4.7 Couloir avec rebonds - Solution

Question : Soit B_t un mouvement brownien et soient u et d 2 nombres réels positifs. On considère une option qui paye 1 si B_t atteint u et a atteint la barrière inférieure auparavant. Si l'option atteint u avant la barrière inférieure, l'option expire et ne paye rien.

$$\text{Paye 1 si } \exists t_0 : B_{t_0} = u;\ \exists t_1 \in [0, t_0] : B_{t_1} = -d$$

$$\text{Paye 0 si } \exists t_0 : B_{t_0} = u;\ \forall t \in [0, t_0], B_t > -d$$

Le paiement est effectué lorsque la barrière est touchée. Calculez le prix de l'option avec des taux $r > 0$. Généralisez le résultat à une option barrière qui paye 1 après n rebonds (l'option paye 1 si l'option atteint $-d$ puis u etc... n fois, et paye 0 si l'option atteint u en premier.)

Solution : Nous définissons τ le premier temps d'atteinte de u ou $-d$. τ est un temps d'arrêt. Si u est touché en premier, le gain est nul. Si $-d$ est touché en premier, l'option devient similaire au cas de la barrière unilatérale avec une barrière supérieure $(u+d)$. Le prix de cette option a été calculé en 3.5

$$\text{Prix}_{\text{unilatéral}} = \exp\left(-\sqrt{2r}(u+d)\right)$$

et le prix de l'option avec rebond est

$$\text{Prix} = \exp\left(-\sqrt{2r}(u+d)\right) \mathbb{E}\left(\mathbb{1}_D \exp\left(-r\tau\right)\right)$$

où D est le sous-ensemble où $-d$ est atteint en premier. L'espérance en second terme a été calculée dans la question 3.6 et nous obtenons

$$\text{Prix} = \exp\left(-\sqrt{2r}(u+d)\right) \frac{\sinh\left(\sqrt{2r}d\right)}{\sinh\left(\sqrt{2r}(u+d)\right)}$$

Pour généraliser nous ajoutons un rebond, nous considérons une option payant 1\$ si le processus touche consécutivement u, $-d$ et u. Dans ce cas, lorsque u est touché, nous avons un nouveau type d'option. Nous recevrons 1\$ après que la barrière descendante et la barrière ascendante soient touchées consécutivement, mais il n'y a pas de Knock-Out. Nous évaluons cette option en premier. Nous considérons un mouvement brownien différent W_t commençant à 0 et payant 1 si une barrière descendante à $(-u-d)$ est touchée et W_t revient à 0. On note $\tilde{\tau}$ le premier temps d'atteinte de $(-u-d)$.

$$\text{Prix}_{\text{Pas de knockout}} = \exp\left(-\sqrt{2r}(u+d)\right) \mathbb{E}\left(\exp\left(-r\tilde{\tau}\right)\right)$$

$$\text{Prix}_{\text{Pas de knockout}} = \exp\left(-2\sqrt{2r}(u+d)\right)$$

et le prix de l'option avec 2 rebonds est

$$\text{Prix}_{2 \text{ rebonds}} = \exp\left(-2\sqrt{2r}(u+d)\right) \mathbb{E}\left(\mathbb{1}_U \exp\left(-r\tau\right)\right)$$

$$\text{Prix}_{2 \text{ rebonds}} = \exp\left(-2\sqrt{2r}(u+d)\right) \frac{\sinh\left(\sqrt{2r}u\right)}{\sinh\left(\sqrt{2r}(u+d)\right)}$$

on peut généraliser à n rebonds, si la première barrière de déclenchement est une barrière haute

$$\text{Prix}_{n \text{ rebonds}} = \exp\left(-n\sqrt{2r}(u+d)\right) \frac{\sinh\left(\sqrt{2r}u\right)}{\sinh\left(\sqrt{2r}(u+d)\right)}$$

et lorsque la première barrière de déclenchement est une barrière basse

$$\text{Prix}_{n \text{ rebonds}} = \exp\left(-n\sqrt{2r}(u+d)\right) \frac{\sinh\left(\sqrt{2r}d\right)}{\sinh\left(\sqrt{2r}(u+d)\right)}$$

4.8 Pont brownien - Solution

Question : Soit B_s un pont brownien, c'est à dire un mouvement brownien contraint, tel que $B_0 = 0$ et $B_t = x$. Quelle est la distribution de B_s, pour $0 \leq s < t$?

Solution : Nous recherchons la distribution de B_s. On note $\Delta y = [y, y+dy]$ et on considère la probabilité infinitésimale

$$\mathbb{P}\left(B_s \in \Delta y | B_t \in \Delta x \text{ et } B_0 = 0\right)$$

B_0 est déterministe, nous appliquons la formule de Bayes (voir page 94)

$$\mathbb{P}\left(B_s \in \Delta y | B_t \in \Delta x\right) = A = \frac{\mathbb{P}\left(B_s \in \Delta y, B_t \in \Delta x\right)}{\mathbb{P}\left(B_t \in \Delta x\right)}$$

Les incréments du mouvement brownien étant indépendants, nous avons

$$A = \frac{\mathbb{P}(B_s \in \Delta y) \mathbb{P}((B_t - B_s) \in \Delta(y - x))}{\mathbb{P}(B_t \in \Delta x)}$$

$$\mathbb{P}((B_t - B_s) \in \Delta(y - x)) = \frac{1}{\sqrt{2\pi(t-s)}} \exp\left(-\frac{(x-y)^2}{2(t-s)}\right) dx$$

$$A = \frac{1}{\sqrt{2\pi s}} \exp\left(-\frac{y^2}{2s}\right) \frac{1}{\sqrt{2\pi(t-s)}} \exp\left(-\frac{(x-y)^2}{2(t-s)}\right) \sqrt{2\pi t} \exp\left(\frac{x^2}{2t}\right)$$

$$= \frac{\sqrt{t}}{\sqrt{2\pi s(t-s)}} \exp\left(-\frac{(y - \frac{s}{t}x)^2}{\frac{s(t-s)}{t}}\right)$$

Nous trouvons que B_s est normalement distribué avec une moyenne de $\frac{xs}{t}$ et une variance de $\frac{s(t-s)}{t}$.

4.9 Martingales ? - Solution

Question : Les processus suivants sont-ils des martingales ?

i) $X_t = B_t + 8t$

ii) $X_t = B_t^2$

iii) $X_t = B_t^3$

iv) $X_t = t^2 B_t - 2 \int_0^t s B_s ds$

Solution :

i) $X_t = B_t + 8t$

Dans ce cas, l'espérance n'est clairement pas constante

$$\mathbb{E}(X_t) = \mathbb{E}(B_t) + 8t = 8t$$

Donc X_t n'est pas une martingale

ii) $X_t = B_t^2$

Encore une fois, l'espérance n'est pas constante

$$\mathbb{E}(B_t^2) = \text{Var}(B_t) - \mathbb{E}(B_t)^2 = t$$

Donc X_t n'est pas une martingale

iii) $X_t = B_t^3$

Dans ce cas, l'espérance est nulle (la fonction de distribution de B_t^3 est paire). On peut revenir à la définition d'une martingale, Soit $t > s$

$$B_t^3 = (B_t - B_s + B_s)^3 = (B_t - B_s)^3 + B_s(B_t - B_s)^2 + B_s^2(B_t - B_s) + B_s^3$$

nous prenons l'espérance conditionnelle et nous utilisons
$$\mathbb{E}[(B_t - B_s)^3|Fs] = \mathbb{E}[(B_t - B_s)|Fs] = 0$$
et nous trouvons
$$\mathbb{E}[B_t^3|Fs] = B_s^3 + (t-s)B_s$$

Donc X_t n'est pas une martingale

iv) $X_t = t^2 B_t - 2\int_0^t s B_s ds$

Nous appliquons Itô a $Y_t = t^2 B_t$
$$dY_t = 2tB_t dt + t^2 dB_t$$
et nous trouvons
$$X_t = \int_0^t s^2 dB_s$$

Donc X_t est une martingale

4.10 Martingale naturelle - Solution

Question : Soit Y une variable aléatoire sur $(\Omega, \mathcal{F}, P)$ telle que
$$E[|Y|] < \infty$$
Soit
$$M_t = E[Y|\mathcal{F}_t]; \quad t \geq 0$$
Montrez que M_t est une $\mathcal{F}_t$-martingale. Réciproquement, soit M_t ; $t \geq 0$ une $\mathcal{F}_t$-martingale réelle telle que
$$\sup_{t \geq 0} E\left[|M_t|^p\right] < \infty \quad \text{pour un réel} \quad p > 1$$
Montrez qu'il existe une v.a. $Y \in L^1(P)$ telle que $M_t = E[Y|\mathcal{F}_t]$.

Solution : Nous prouvons que M_t est une martingale en utilisant le théorème de l'espérance totale, soit $t > s$
$$\mathbb{E}[M_t|Fs] = \mathbb{E}[\mathbb{E}[Y|\mathcal{F}t]|\mathcal{F}s] = \mathbb{E}[Y|\mathcal{F}s] = M_s$$

Pour prouver l'existence de Y, nous utilisons le théorème de convergence de la martingale de Doob (voir page 95). M_t est uniformément intégrable avec la fonction de test $\psi(x) = x^p$, donc il existe $Y \in L^1(P)$ telle que $M_t \to Y$ p.p. (P) et
$$\int |M_t - Y|\, dP \to 0 \text{ quant } t \to \infty$$
donc pour $s > t$
$$\mathbb{E}[Y|\mathcal{F}_t] = \lim_{s \to \infty} \mathbb{E}[M_s|\mathcal{F}_t] = M_t$$

4.11 Brownien exponentiel - Solution

Question : Soit B_t un mouvement brownien sur $\mathbf{R}$, $B_0 = 0$. Montrez que

$$\mathbb{E}\left[e^{iuB_t}\right] = \exp\left(-\frac{1}{2}u^2 t\right) \qquad \text{pour tout} \quad u \in \mathbf{R}$$

Utilisez le développement polynomial de la fonction exponentielle, comparez les deux membres de l'équation et montrez que

$$\mathbb{E}\left[B_t^4\right] = 3t^2$$

et plus généralement que

$$\mathbb{E}\left[B_t^{2k}\right] = \frac{(2k)!}{2^k \cdot k!} t^k; \quad k \in \mathbf{N}$$

Solution : Nous utilisons le mouvement brownien géométrique, dont on sait que c'est une martingale de dynamique $dX_t = \sigma X_t dB_t$

$$\mathbb{E}(X_t) = \mathbb{E}\left(\exp\left(-\frac{1}{2}\sigma^2 t + \sigma B_t\right)\right) = 1$$

et nous posons $\sigma = iu$ pour obtenir

$$\mathbb{E}\left[e^{iuB_t}\right] = \exp\left(-\frac{1}{2}u^2 t\right)$$

nous utilisons un développement limité des deux côtés

$$\sum_{i \in \mathbf{N}} \mathbb{E}\left(\frac{(iuB_t)^n}{n!}\right) = \sum_{i \in \mathbf{N}} \frac{(-u^2 t)^n}{2^n n!}$$

L'équation ci-dessus est valable pour tout $u \in \mathbf{R}$, nous pouvons donc identifier les termes avec la même puissance de u

$$\mathbb{E}\left(\frac{(iuB_t)^{2n}}{(2n)!}\right) = \frac{(-1)^n (u)^{2n} t^n}{2^n n!}$$

$$\mathbb{E}\left(\frac{u^{2n}(-1)^n (B_t)^{2n}}{(2n)!}\right) = \frac{(-1)^n u^{2n} t^n}{2^n n!}$$

et

$$\mathbb{E}\left(B_t^{2n}\right) = \frac{(2n)!}{2^n n!} t^n$$

Chapitre 5

Finance

Finance

5.1 Hedging Binaire ♠♠♠ (UBS)

Un trader suggère la stratégie de couverture binaire suivante pour une option call :
— vendre une option call de strike $K > S_0$
— acheter l'action à K quand S_t augmente et passe par K
— vendre l'action à K quand S_t décroît et passe par K

Quel est le problème avec cette stratégie ?

Solution en page 49

5.2 Option d'échange ♠♠ (Credit Suisse)

Le payoff d'une option d'échange à expiration est

$$\text{Ex}(T) = \max\left(S_1(T) - S_2(T)\right)^+$$

Calculez le prix d'une option d'échange à $t = 0$ lorsque ρ est la corrélation entre S_1 et S_2 et σ et r sont constants.

Solution en page 50

5.3 Option chooser ♠ (Commerzbank)

Une option chooser donne le droit de choisir à une date future τ de recevoir soit un call soit un put de strike K et de maturité $T > \tau$. Le payoff à τ d'une option chooser standard est

$$\text{Ch}(\tau) = \max\left(C\left(S_\tau, T - \tau, K\right), P\left(S_\tau, T - \tau, K\right)\right)$$

Calculez le prix d'une option chooser à $t = 0$ lorsque σ et r sont constants.

Solution en page 52

5.4 Option forward start ♠ (Goldman sachs)

Le payoff d'une option call forward start est

$$\text{Fs}(T) = (S_T - KS_{T_0})^+$$

ou $0 < T_0 < T$. Calculez le prix d'une option call forward start à $t = 0$ quand σ et r sont constants.

Solution en page 53

5.5 Option Compound ♠ (Goldman sachs)

Le payoff d'une option compound est

$$\text{Co}_{T_0} = (C(S_{T_0}, \tau, K) - K_0)^+$$

où $C(S_{T_0}, \tau, K)$ est la valeur à T_0 d'un call standard de strike K et maturité $T = T_0 + \tau$. Calculez le prix d'une option compound à $t = 0$ quand σ et r sont constant.

Solution en page 54

5.6 Approximation à la monnaie ♠ (BNP)

Prouvez l'approximation du prix du call à la monnaie

$$C \simeq 0.4 S \sigma \sqrt{T}$$

Solution en page 54

5.7 Fin des temps ♠♠ (UBS)

Soit X_n une suite de variables aléatoires positives, telle que $\mathbb{E}[X_n] = a$ et

$$\lim_{n \to +\infty} X_n = 0 \quad \text{p.s.}$$

Montrez que

$$\lim_{n \to +\infty} \mathbb{E}|X_n - K| = a + K$$

Appliquez cette équation pour établir un résultat intéressant sur un produit financier.

Solution en page 54

Chapitre 6

Finance - Solutions

Finance - Solutions

6.1 Hedging binaire - Solution

Question : Un trader suggère la stratégie de couverture binaire suivante pour une option call :
— vendre une option call de strike $K > S_0$
— acheter l'action à K quand S_t augmente et passe par K
— vendre l'action à K quand S_t décroît et passe par K
Quel est le problème avec cette stratégie ?

Solution : Ce paradoxe est plus qu'une simple énigme. La question est appelée le paradoxe du stop-go et a été discutée dans plusieurs publications (Seidenverg (1988) Carr (1989) Ingersoll (1987) El Karoui (1978)). Généralement, de nombreux candidats en entretien invoquent des coûts de transaction, la liquidité ou l'impossibilité d'atteindre un prix exact. Mais toutes ces réponses sont incorrectes car les hypothèses de Black Scholes vous permettent de construire ce portefeuille. Le deuxième type de réponse concerne généralement le fait que le portefeuille ne s'autofinance pas, car le trader devrait commencer avec K en espèces. Ceci est correct mais pourrait être résolu en utilisant des contrats forward par exemple. Nous pourrions également emprunter les liquidités nécessaires et le paradoxe ne serait toujours pas résolu si les taux étaient nuls.

En court, la bonne réponse est que ce portefeuille n'est pas continuellement dérivable à K, cette discontinuité peut être traversée une infinité de fois par le processus stochastique, le rendant non autofinancé.

Brisons le paradoxe mathématiquement. Nous construisons le portefeuille

$$V(t) = -\mathbb{1}_{\{S_t > KP(t)\}} KP(t) + \mathbb{1}_{\{S_t > KP(t)\}} S_t$$

où P (t) est le prix de l'obligation. Ce portefeuille reproduit le gain final et il doit satisfaire l'équation suivante pour tout t afin d'être autofinancé

$$V(t) = V(0) + \int_0^t m(u) dP(u) + \int_0^t n(u) dS_u$$

Pour simplifier nous prenons des taux constants égaux à zéro (le cas général peut être réduit avec un changement de numéraire). Le portefeuille est alors

$$V(t) = -\mathbb{1}_{\{S_t > K\}} K + \mathbb{1}_{\{S_t > K\}} S_t$$

et la condition d'autofinancement devient

$$V(t) = V(0) + \int_0^t n(u) dS_u$$

où
$$n(u) = \mathbb{1}_{\{S_u > K\}}$$

le portefeuille n'est autofinancé que si l'équation suivante est vérifiée

$$V(t) - V(0) \stackrel{?}{=} \int_0^t \mathbb{1}_{\{S_u > K\}} dS_u$$

$$g(S_t) = \mathbb{1}_{\{S_t > K\}}(S_t - K) - (S_0 - K)^+ \stackrel{?}{=} \int_0^t \mathbb{1}_{\{S_u > K\}} dS_u$$

La clé ici est que g n'est pas C^2 et nous ne pouvons pas appliquer le lemme habituel de Itô, mais nous pouvons utiliser la formule de Tanaka (voir page 97) car g est C^2 en dehors d'un ensemble fini de points.

$$g(S_t) = g(S_0) + \int_0^t g'(S_u) dS_u + \lim_{\epsilon \to 0} \frac{1}{2\epsilon} |\{u \in [0, t]; S_u \in [K - \epsilon, K + \epsilon]\}|$$

où g' est la dérivée faible de g et $|A|$ est la mesure de Lebesgue de A. Par conséquent

$$V(t) - V(0) = \int_0^t \mathbb{1}_{\{S_u > K\}} dS_u + \lim_{\epsilon \to 0} \frac{1}{2\epsilon} |\{u \in [0, t]; S_u \in [K - \epsilon, K + \epsilon]\}|$$

Le dernier terme ne converge pas vers zéro et le portefeuille n'est pas autofinancé, brisant le paradoxe apparent.

Dans des conditions commerciales réelles, cette méthode de couverture n'est pas utilisée en raison de la liquidité et du risque supplémentaire lié à cette méthode de hedging. La méthode de hedging delta neutre est préférée, le trader accepte de payer de petits frais de couverture réguliers en échange d'un risque beaucoup plus faible.

6.2 Option d'échange - Solution

Question : Le payoff d'une option d'échange à expiration est

$$\text{Ex}(T) = \max \left(S_1(T) - S_2(T)\right)^+$$

Calculez le prix d'une option d'échange à $t = 0$ lorsque ρ est la corrélation entre S_1 et S_2 et σ et r sont constants.

Solution : La dynamique de S_1 et S_2 est donnée par

$$dS_1(t) = rS_1(t)dt + \sigma_1 S_1(t) dB_1 \, , \, S_1(0) = s_1$$
$$dS_2(t) = rS_2(t)dt + \sigma_2 S_2(t) dB_2 \, , \, S_2(0) = s_2$$

où B_1, B_2 sont des mouvements browniens avec $E[dB_1 dB_2] = \rho dt$. On note C la valeur de l'option d'échange à $t = 0$.

$$C = e^{-rt}\mathbb{E}\left[\max\left(S_1(T) - S_2(T), 0\right)\right]$$
$$= \mathbb{E}\left[\tilde{S}_2(T)\max\left(S_1(T)/S_2(T) - 1, 0\right)\right]$$

où $\tilde{S}_i(t) = e^{-rt}S_i(t)$. Par la formule d'Itô, $Y(t) = S_1(t)/S_2(t)$ satisfait

$$dY = Y\left(\sigma_2^2 - \sigma_1\sigma_2\rho\right)dt + Y\left(\sigma_1 dw_1 - \sigma_2 dw_2\right)$$

On identifie une exponentielle de Girsanov

$$\frac{1}{s_2}\tilde{S}_2(T) = \exp\left(\sigma_2 w_2(T) - \frac{1}{2}\sigma_2^2 T\right)$$

définissant un changement de mesure

$$\frac{d\tilde{P}}{dP} = \frac{1}{s_2}S_2(T)$$

Donc
$$C = s_2 \tilde{E}[\max(Y(T) - 1, 0)]$$

Par le théorème de Girsanov, dans la mesure $\tilde{P}$ le processus

$$d\tilde{B}_2 = dB_2 - \sigma_2 dt$$

est un mouvement brownien. Nous pouvons écrire w_1 sous la forme

$$w_1(t) = \rho w_2(t) + \sqrt{1 - \rho^2}w'(t)$$

où $w'(t)$ est un mouvement brownien indépendant de $w_2(t)$ (dans la mesure P). On vérifie qu'avec $\tilde{P}$ défini ci-dessus, w' reste un mouvement brownien sous P, indépendant de $\tilde{w}_2$. Donc $d\tilde{w}_1$ défini par

$$d\tilde{w}_1 = \rho d\tilde{w}_2(t) + \sqrt{1 - \rho^2}dw'(t)$$
$$= dw_1(t) - \rho\sigma_2 dt$$

est un $\tilde{P}$-mouvement brownien. Par miracle, l'équation de Y dans $\tilde{P}$ est

$$dY = Y\left(\sigma_1 d\tilde{w}_1 - \sigma_2 d\tilde{w}_2\right)$$

$$dY = Y\sigma dw$$

où w est un mouvement brownien standard et σ est donné par

$$\sigma = \sqrt{\sigma_1^2 + \sigma_2^2 - 2\rho\sigma_1\sigma_2}$$

Nous concluons que l'option d'échange équivaut à une option call sur l'actif Y avec une volatilité σ, strike 1 et un taux sans risque de 0.

$$C(s_1, s_2) = s_1 N(d_1) - s_2 N(d_2)$$

$$d_1 = \frac{\ln(s_1/s_2) + \frac{1}{2}\sigma^2 T}{\sigma\sqrt{T}}$$
$$d_2 = d_1 - \sigma\sqrt{T}$$
$$\sigma = \sqrt{\sigma_1^2 + \sigma_2^2 - 2\rho\sigma_1\sigma_2}$$

6.3 Option chooser - Solution

Question : Une option chooser donne le droit de choisir à une date future τ de recevoir soit un call soit un put de strike K et de maturité $T > \tau$. Le payoff à τ d'une option chooser standard est

$$\text{Ch}(\tau) = \max\left(C(S_\tau, T - \tau, K), P(S_\tau, T - \tau, K)\right)$$

Calculez le prix d'une option chooser à $t = 0$ lorsque σ et r sont constants.

Solution : On rappelle que la parité call-put à τ et maturité T implique

$$P(S_\tau, T - \tau, K) = C(S_\tau, T - \tau, K) - S_\tau + Ke^{-r(T-\tau)}$$

Nous pouvons réécrire la valeur de l'option chooser à τ

$$\text{Ch}(\tau) = \max\left\{C(S_\tau, T - \tau, K), C(S_\tau, T - \tau, K) - S_\tau + Ke^{-r(T-\tau)}\right\}$$

ou

$$\text{Ch}(\tau) = C(S_\tau, T - \tau, K) + \left(Ke^{-r(T-\tau)} - S_\tau\right)^+$$

La dernière égalité implique immédiatement que l'option chooser standard est équivalente au portefeuille composé d'une option call long et d'une option put long (avec des strikes et des maturités différentes), de sorte que par la règle de non-arbitrage son prix soit égal, pour tout $t \in [0, \tau]$,

$$\text{Ch}(t) = C(S_t, T - t, K) + P\left(S_t, \tau - t, Ke^{-r(T-\tau)}\right)$$

En particulier, en utilisant la formule de Black-Scholes, on obtient pour $t=0$
$$\text{Ch}(0) = S_0 \left(N(d_1) - N(-\bar{d}_1) \right) + Ke^{-rT} \left(N(-\bar{d}_2) - N(d_2) \right)$$
où
$$d_{1,2} = \frac{\ln(S_0/K) + \left(r \pm \frac{1}{2}\sigma^2\right)T}{\sigma\sqrt{T}}$$
et
$$\bar{d}_{1,2} = \frac{\ln(S_0/K) + rT \pm \frac{1}{2}\sigma^2 \tau}{\sigma\sqrt{\tau}}$$

6.4 Option forward start - Solution

Question : Le payoff d'une option call forward start est
$$\text{Fs}(T) = (S_T - KS_{T_0})^+$$
ou $0 < T_0 < T$. Calculez le prix d'une option call forward start à $t = 0$ quand σ et r sont constants.

Solution : Prenons le cas d'une option call forward start, avec payoff
$$\text{Fs}(T) = (S_T - KS_{T_0})^+$$
Pour trouver le prix au temps $t \in [0, T_0]$ d'une telle option, il suffit de considérer sa valeur au moment T_0 c'est-à-dire le prix à T_0 de l'option de maturité T. Ainsi, nous avons
$$\text{Fs}(T_0) = C(S_{T_0}, T - T_0, KS_{T_0})$$
Où $C(S, T, K)$ est le prix d'un call de spot S, maturité $(T - T_0)$ et strike K. On peut factoriser S_{T_0} et diviser le spot et le strike
$$C(S_{T_0}, T - T_0, KS_{T_0}) = S_{T_0} C(1, T - T_0, K)$$
puisque $C(1, T - T_0, K)$ n'est pas aléatoire, la valeur de l'option au temps 0 est égale à
$$\text{Fs}(T_0) = \mathbb{E}_0(S_{T_0}) \exp(-rT_0) C(1, T - T_0, K) = C(S_0, T - T_0, S_0 K)$$
$$\text{Fs}(T_0) = S_0 C(1, T - T_0, K) = C(S_0, T - T_0, S_0 K)$$

Notez que l'option forward start a une formule fermée lorsque σ est constant, mais son prix devient beaucoup plus complexe lorsque la surface de volatilité n'est pas triviale. Les options forward start sont notoirement sensibles au forward skew et nécessitent un modèle spécifique, par exemple un modèle de volatilité stochastique.

6.5 Option compound - Solution

Question : Le payoff d'une option compound est

$$\mathrm{Co}_{T_0} = (C(S_{T_0}, \tau, K) - K_0)^+$$

où $C(S_{T_0}, \tau, K)$ est la valeur à T_0 d'un call standard de strike K et maturité $T = T_0 + \tau$. Calculez le prix d'une option compound à $t = 0$ quand σ et r sont constant.

Solution : Il n'y a pas de formule fermée simple pour l'option compound, le résultat final sera une intégrale. Nous commençons par le prix d'une option call

$$C(s, \tau, K) = sN(d_1(s, \tau, K)) - Ke^{-r\tau}N(d_2(s, \tau, K))$$

De plus, puisque sous $\mathbb{P}^*$ nous avons

$$S_{T_0} = S_0 \exp\left(\sigma\sqrt{T_0}\xi + \left(r - \frac{1}{2}\sigma^2\right)T_0\right)$$

où ξ a une loi de probabilité gaussienne standard sous $\mathbb{P}^*$, le prix de l'option composée au temps 0 est égal à

$$\mathrm{Co}_0 = e^{-rT_0} \int_{x_0}^{\infty} \left(g(x)N(\hat{d}_1) - Ke^{-r\tau}N(\hat{d}_2) - K_0\right) n(x) dx$$

où $\hat{d}_i = d_i(g(x), \tau, K)$ pour $i = 1, 2$, et n est la densité de la distribution normale standard, la fonction $g : \mathbb{R} \to \mathbb{R}$ est donnée par la formule

$$g(x) = S_0 \exp\left(\sigma\sqrt{T_0}x + \left(r - \frac{1}{2}\sigma^2\right)T_0\right)$$

et enfin la constante x_0 est définie implicitement par l'équation

$$x_0 = \inf\{x \in \mathbb{R} | C(g(x), \tau, K) \geq K_0\}$$

Des calculs simples donnent

$$d_1(g(x), \tau, K) = \frac{\ln(S_0/K) + \sigma\sqrt{T_0}x + rT - \sigma^2 T_0 + \frac{1}{2}\sigma^2 T}{\sigma\sqrt{T - T_0}}$$

et

$$d_2(g(x), \tau, K) = \frac{\ln(S_0/K) + \sigma\sqrt{T_0}x + rT - \frac{1}{2}\sigma^2 T}{\sigma\sqrt{T - T_0}}$$

6.6 Approximation à la monnaie - Solution

Question : Prouvez l'approximation du prix du call à la monnaie

$$C \simeq 0.4 S \sigma \sqrt{T}$$

Solution : Nous commençons par la formule de prix du call

$$C = S\phi(d_1) - Ke^{-rT}\phi(d_2)$$

où

$$d_1 = \frac{ln\left(\frac{S_0}{K}\right) + rT + \frac{\sigma^2 T}{2}}{\sigma\sqrt{T}} \ , \ d_2 = \frac{ln\left(\frac{S_0}{K}\right) + rT - \frac{\sigma^2 T}{2}}{\sigma\sqrt{T}}$$

le call est à la monnaie donc

$$C = S\left(\phi(d_1) - \phi(d_2)\right)$$

où

$$d_1 = \frac{\sigma\sqrt{T}}{2} \ , \ d_2 = \frac{-\sigma\sqrt{T}}{2}$$

et

$$\phi(d_1) - \phi(d_2) = \int_{d_2}^{d_1} n(x) dx$$

où n est la fonction de densité de la distribution normale standard. La volatilité est généralement inférieure à 0,5, et pour des expirations relativement courtes (moins de 2 ans), nous pouvons approximer l'intégrale avec l'aire d'un rectangle

$$\int_{d_2}^{d_1} n(x) dx \simeq 2n(0)d_1 \simeq 0.4\sigma\sqrt{T}$$

et

$$C \simeq 0.4 S \sigma \sqrt{T}$$

6.7 Fin des temps - Solution

Question : Soit X_n une suite de variables aléatoires positives, telle que $\mathbb{E}[X_n] = a$ et

$$\lim_{n \to +\infty} X_n = 0 \ \text{p.s.}$$

Montrez que

$$\lim_{n \to +\infty} \mathbb{E}|X_n - K| = a + K$$

Appliquez cette équation pour établir un résultat intéressant sur un produit financier.

Solution : Pour résoudre élégamment cette question, une formule à retenir est

$$|X_n - K| = X_n + K - 2\min(Xn, K)$$

X_n converge p.s vers 0, donc $\mathbb{E}[\min(Xn, K)]$ converge aussi vers 0. Donc

$$lim_{n \to +\infty} E(|X_n - K|) = lim_{n \to +\infty} \mathbb{E}[X_n] + K = a + K$$

Le produit financier que nous pouvons associer à ce résultat est un straddle avec payoff

$$\text{Payoff}_T = |S_T - K|$$

À la monnaie forward le prix devient

$$P = \mathbb{E}\left[\exp(-rT)|S_T - K|\right] = \mathbb{E}\left[|\exp(-rT)S_T - S_0|\right]$$

$$P = \mathbb{E}\left[|S_0 Y_T - S_0|\right]$$

où

$$Y_T = \exp\left(\sigma\sqrt{T}\xi - \frac{1}{2}\sigma^2 T\right)$$

avec ξ une variable normale standard. Soit A un nombre réel, nous avons

$$P\left(\sigma\sqrt{T}\xi - \frac{1}{2}\sigma^2 T > A\right) = P\left(\xi > \frac{A}{\sigma\sqrt{T}} + \frac{\sigma\sqrt{T}}{2}\right)$$

On voit que si $\sigma \to +\infty$ ou $T \to +\infty$, $\left(\sigma\sqrt{T}\xi - \frac{1}{2}\sigma^2 T\right) \to +\infty$ p.s et $Y_n \to 0$ p.s. En utilisant le résultat précédent, nous concluons que le prix du straddle à la monnaie forward converge vers $2S_0$ lorsque la maturité est très longue ou la volatilité très élevée.

Chapitre 7

Programmation

Programmation

7.1 Le meilleur tri ♠♠ (Hedge Fund)

Pour un tri de comparaison (aucune hypothese n'est faite sur les éléments sauf qu'ils peuvent être comparés), quelle est la meilleure complexité ?

Prouvez que c'est la meilleure complexité.

Solution en page 63

7.2 Tri fusion ♠ (Citi)

Écrivez un code pour le tri fusion dans le langage de votre choix ou en pseudo-code.

Solution en page 63

7.3 Tri pivot ♠ (Citi)

Écrivez un code pour un tri pivot dans le langage de votre choix ou pseudo-langue.

Solution en page 64

7.4 Struct vs Class ♠ (Credit Suisse)

Quelle est la différence entre struct et class en C++ ?

Solution en page 66

7.5 Classe Friend ♠ (Credit Suisse)

Qu'est ce qu'une friend classe en C++ ?

Solution en page 66

7.6 Singleton ♠♠♠ (Goldman Sachs)

Expliquez le design pattern Singleton en C++ . Implementez en une version en C++ .

Solution en page 66

7.7 Python est-il compilé ? ♠♠ (Goldman Sachs)

Python est-il un langage compilé ?

Solution en page 67

7.8 Hash en python ♠♠ (Goldman Sachs)

Comment la fonction de hash est-elle utilisée en python ?

Solution en page 68

7.9 Self en python ♠♠ (Hedge Fund)

Expliquez le mot-clé self en python.

Solution en page 69

Chapitre 8

Programmation - Solutions

Programmation - Solutions

8.1 Le meilleur tri - Solution

Question : Pour un tri de comparaison (aucune hypothese n'est faite sur les éléments sauf qu'ils peuvent être comparés), quelle est la meilleure complexité ?
Prouvez que c'est la meilleure complexité.

Solution : La meilleure complexité dans ce cas est $\mathcal{O}(N \log(N))$. Soit $N!$ le nombre d'éléments de la liste. Il y a N permutations possibles de la liste. Trier la liste équivaut à découvrir laquelle de ces permutations trie la liste. Par symétrie, une comparaison donnée élimine la moitié des permutations restantes, car le nombre de permutations où a_i est après a_j est égal au nombre de permutations où a_j est après a_i. Par conséquent, la meilleure complexité T satisfait

$$\frac{N!}{2^T} = 1$$

et

$$T = \frac{\log(N!)}{\log(2)}$$

On note que $\log(N!) \simeq N \log(N)$, nous pouvons le prouver avec la formule Sterling, ou en décomposant le log et en voyant une intégrale de Riemann

$$\log(N!) = \log(2) + \log(3) + \cdots + \log(N) \simeq \int_1^N \log(u) du = N \log(N) - N$$

Par conséquent, la meilleure complexité est l'ordre le plus grand et

$$T \simeq \mathcal{O}(N \log(N))$$

8.2 Tri fusion - Solution

Question : Écrivez un code pour le tri fusion dans le langage de votre choix ou en pseudo-code.

Solution : Notre conseil pour ce type de question est d'utiliser python. Si vous choisissez C++, vous auriez plus de code a écrire et si vous choisissez un pseudo-code, vous auriez probablement des questions sur les sous-fonctions que vous supposez être disponibles. En utilisant python, vous écrirez un code court et cocherez la case python avec l'intervieweur.

```python
# Programme Python pour l'implementation de Tri fusion
def mergeSort(arr):
    if len(arr) >1:
        mid = len(arr)//2 # Trouver le milieu du tableau
        L = arr[:mid] # Division des elements du tableau
        R = arr[mid:] # en 2 moities

        mergeSort(L) # Tri de la premiere moitie
        mergeSort(R) # Tri de la seconde moitie

        i = j = k = 0

        # Copier les donnees dans des tableaux temporaires L[] et R[]
        while i < len(L) and j < len(R):
            if L[i] < R[j]:
                arr[k] = L[i]
                i+= 1
            else:
                arr[k] = R[j]
                j+= 1
            k+= 1

        # Verifier que tous les elements ont ete copies
        while i < len(L):
            arr[k] = L[i]
            i+= 1
            k+= 1

        while j < len(R):
            arr[k] = R[j]
            j+= 1
            k+= 1
```

8.3 Tri pivot - Solution

Question : Écrivez un code pour un tri pivot dans le langage de votre choix ou pseudo-langue.

Solution :

```python
# Programme Python pour l'implementation de Tri pivot
# Cette fonction prend le dernier element comme pivot, place
# l'element pivot a sa position correcte dans le tableau trie
# et place tous plus petits (plus petits que pivot)
```

```python
# a gauche du pivot et tous les elements superieurs a droite
# de pivot
def partition(arr, low, high):
    i = ( low-1 )         # indice du plus petit element
    pivot = arr[high]     # pivot

    for j in range(low, high):

        # Si l'element est plus plus petit ou
        # egal au pivot
        if   arr[j] <= pivot:

            # incrementer l'indice du plus petit element
            i = i+1
            arr[i], arr[j] = arr[j], arr[i]

    arr[i+1], arr[high] = arr[high], arr[i+1]
    return ( i+1 )


# La fonction principale qui implemente Tri Pivot
# arr[] ---> Tableau a trier,
# low   ---> indice de depart,
# high  ---> indice de fin

# Fonction utilitaire pour lancer le Tri pivot
def quickSort_Util(arr, low, high):
    if low < high:

        # pi applique un pivot au tableau, arr[p] est
        # maintenant a la bonne position
        pi = partition(arr, low, high)

        # Appliquer ensuite le tri pivot aux
        # sous-tableaux avant et apres le pivot
        quickSort_Util(arr, low, pi-1)
        quickSort_Util(arr, pi+1, high)

# Fonction Main pour le tri pivot
def quickSort(arr):
    quickSort_Util(arr, 0, len(arr)-1)
```

8.4 Struct vs Class - Solution

Question : Quelle est la différence entre struct et class en C++ ?

Solution : La seule différence entre une struct et une classe dans C++ est l'accessibilité par défaut des variables membres et des méthodes. Dans une structure, ils sont publics ; dans une classe, ils sont privés.

8.5 Classe Friend - Solution

Question : Qu'est ce qu'une friend classe en C++ ?

Solution : Une classe Friend peut accéder aux membres privés et protégés d'une autre classe dans laquelle elle est déclarée comme Friend. Il est parfois utile d'autoriser une classe particulière à accéder aux membres privés d'une autre classe.

8.6 Singleton - Solution

Question : Expliquez le design pattern Singleton en C++ . Implementez en une version en C++ .

Solution : Le design pattern singleton est un outil classique utilisé pour restreindre l'instanciation d'une classe à un objet. Ceci est utile lorsqu'un seul objet est nécessaire pour coordonner les actions dans le système. Par exemple, si vous utilisez un editeur, qui écrit dans un fichier, vous pouvez utiliser une classe singleton. Vous pouvez créer une classe singleton à l'aide du code suivant

```cpp
#include <iostream>

using namespace std;

class Singleton {
    static Singleton *instance;
    int data;

    // Contructeur prive pour bloquer la creation d'instances
    Singleton() {
        data = 0;
    }

public:
    static Singleton *getInstance() {
```

```cpp
        if (!instance)
            instance = new Singleton;
        return instance;
    }

    int getData() {
        return this -> data;
    }

    void setData(int data) {
        this -> data = data;
    }
};


//Le pointeur est initialise a zero
//pour le premier appel a getInstance
Singleton *Singleton::instance = 0;

int main(){
    Singleton *s = s->getInstance();
    cout << s->getData() << endl;
    s->setData(100);
    cout << s->getData() << endl;
    return 0;
}
```

Cela donnera le output suivant :
0
100

8.7 Python est-il compilé ? - Solution

Question : Python est-il un langage compilé ?

Solution : C'est une question courante. Habituellement, «compiler» signifie convertir un programme dans un langage de haut niveau en un exécutable binaire de code machine (instructions CPU). En Python, le code source est compilé sous une forme beaucoup plus simple appelée bytecode. Ce sont des instructions similaires dans l'esprit des instructions processeur, mais au lieu d'être exécutées par le processeur, elles sont exécutées par un logiciel appelé machine virtuelle. La réponse est donc que Python n'est pas directement compilé en instructions CPU, mais il est compilé en langage de machine virtuelle.

8.8 Hash en python - Solution

Question : Comment la fonction de hash est-elle utilisée en python ?

Solution : Les tables de hachage sont utilisées pour implémenter des structures de données de type "mapping" et définies dans de nombreux langages de programmation courants, tels que C++ , Java et Python. Python utilise des tables de hachage pour les dictionnaires et les ensembles. Une table de hachage est une collection non ordonnée de paires clé-valeur, où chaque clé est unique. Les tables de hachage offrent une combinaison d'opérations efficaces de recherche, d'insertion et de suppression. Ce sont les propriétés essentielles des tableaux et des listes liées.

Le hachage est le processus consistant à utiliser un algorithme pour mapper des données de toute taille à une longueur fixe. C'est ce qu'on appelle une valeur de hachage. Le hachage est utilisé pour créer des structures de données à accès direct de hautes performances où une grande quantité de données doit être stockée et accessible rapidement. Les valeurs de hachage sont calculées avec des fonctions de hachage.

Un objet peut être haché s'il a un hash qui ne change jamais pendant sa durée de vie. (Il peut avoir des valeurs différentes lors de plusieurs appels de programmes Python.) Un objet hachable a besoin d'une méthode __hash__(). Afin d'effectuer des comparaisons, un hashable a besoin d'une méthode __eq__().

Remarque : les objets hachables qui sont égaux doivent avoir le même hash. La hachabilité rend un objet utilisable en tant que clé de dictionnaire et membre d'ensemble, car ces structures de données utilisent le hash en interne. Les objets intégrés immuables Python sont hachables ; les conteneurs modifiables (tels que les listes ou les dictionnaires) ne le sont pas. Les objets qui sont des instances de classes définies par l'utilisateur sont hachables par défaut. Lors de comparaisons ils apparaissent toujours différents (sauf avec eux-mêmes), et leur valeur de hachage est dérivée de leur id ().

Remarque : Si une classe ne définit pas de méthode __eq__(), elle ne doit pas non plus définir d'opération __hash__() ; si elle définit __eq__() mais pas __hash__(), ses instances ne seront pas utilisables comme éléments dans des collections hachables. Fonction de hachage Python () : La fonction hash() renvoie la valeur de hachage de l'objet s'il en a une. Les valeurs de hachage sont des entiers. Ils sont utilisés pour comparer rapidement les clés du dictionnaire lors d'une recherche dans le dictionnaire. Les objets peuvent implémenter la méthode __hash__().

Les composants intégrés immuables Python, tels que les entiers, les chaînes ou les tuples, sont hachables. Ci-dessous une implémentation de classe avec une fonction de hachage.

```python
class User:

    def __init__(self, name, job):

        self.name = name
        self.job = job

    def __eq__(self, other):

        return self.name == other.name \
            and self.job == other.job

    def __str__(self):
        return f'{self.name} {self.job}'
```

8.9 Self en python - Solution

Question : Expliquez le mot-clé self en python.

Solution :

self représente l'instance de la classe. En utilisant le mot-clé «self», nous pouvons accéder aux attributs et méthodes de la classe en python.

La raison pour laquelle on utilise self est que Python n'utilise pas la syntaxe @ pour faire référence aux attributs d'instance. Python a décidé de faire des méthodes de manière à ce que l'instance à laquelle appartient la méthode soit transmise automatiquement, mais pas reçue automatiquement : le premier paramètre des méthodes est l'instance sur laquelle la méthode est appelée.

```python
class car():

    # methode init ou constructeur
    def __init__(self, model, color):
        self.make = make
        self.color = color

    def show(self):
        print("make is ", self.make )
        print("color is ", self.color )

# les deux objets ont un self different qui
# contient leurs attributs
audi = car("audi", "blue")
ferrari = car("ferrari", "green")
```

```
audi.show()      # same output as car.show(audi)
ferrari.show()   # same output as car.show(ferrari)

# Pour chaque instance, Python envoie
# l'instance ainsi que la methode
# associee, ici par exemple car.show(audi)
```

self est un paramètre dans la fonction et l'utilisateur peut utiliser un autre nom de paramètre à la place de celui-ci, mais il est conseillé d'utiliser self.

Chapitre 9

Démonstrations classiques

Démonstrations classiques

9.1 Option call ♠♠♠ (Société Générale)

Démontrez la formule du prix du call en utilisant le théorème de Girsanov.

Solution en page 77

9.2 Grecques ♠♠♠ (Société Générale)

Calculez les grecques Δ, Γ, $\mathcal{V}$, ρ, Θ pour une option call.

Solution en page 79

9.3 Ornstein Uhlenbeck ♠♠♠ (JP Morgan)

Démontrez la formule fermée pour un processus Ornstein Uhlenbeck. Calculez son espérance et sa variance.

Solution en page 80

9.4 Vasicek hybride ♠♠♠ (JP Morgan)

Calculez la relation entre la volatilité du stock et la volatilité des taux dans un modèle hybride de Vasicek.

Solution en page 81

9.5 Fokker-Planck ♠♠♠ (Morgan Stanley)

Démontrez la formule de Fokker-Planck.

Solution en page 83

9.6 Breeden-Litzenberger ♠♠♠ (Morgan Stanley)

Démontrez la formule de Breeden-Litzenberger.

Solution en page 85

9.7 Volatilité locale ♠♠♠ (Morgan Stanley)

Démontrez la formule de Dupire ou volatilité locale.

Solution en page 86

9.8 Équation de Black Scholes ♠♠♠ (BNP)

Démontrez l'équation de Black Scholes.

Solution en page 86

Chapitre 10

Démonstrations classiques - Solutions

Démonstrations classiques

10.1 Démonstrations classiques - Solution

Question : Démontrez la formule du prix du call en utilisant le théorème de Girsanov.

Solution : On note C le prix à $t = 0$ d'une option call.

$$C = e^{-rT}\mathbb{E}(S_T - K)^+ = e^{-rT}\mathbb{E}\Big(S_T\mathbb{1}_{(S_T \geq K)} - K\mathbb{1}_{(S_T \geq K)}\Big)$$

Où S_t est le processus

$$S_t = S_0 exp\Big(rt - \frac{\sigma^2 t}{2} + \sigma W_t\Big)$$

Nous décomposons $C = A - B$ et commençons à calculer le deuxième terme B

$$B = e^{-rT}K\mathbb{E}(\mathbb{1}_{(S_T \geq K)}) = e^{-rT}KP(S_T \geq K)$$

$$B = e^{-rT}KP\Big(ln\Big(\frac{S_0}{K}\Big) + rT - \frac{\sigma^2 T}{2} + \sigma W_T \geq 0\Big)$$

$$B = e^{-rT}KP\Big(W_T \geq \frac{ln\Big(\frac{K}{S_0}\Big) - rT + \frac{\sigma^2 T}{2}}{\sigma}\Big)$$

$$B = e^{-rT}KP\Big(W_T \leq \frac{ln\Big(\frac{S_0}{K}\Big) + rT - \frac{\sigma^2 T}{2}}{\sigma}\Big)$$

$$B = e^{-rT}KP\Big(X \leq \frac{ln\Big(\frac{S_0}{K}\Big) + rT - \frac{\sigma^2 T}{2}}{\sigma\sqrt{T}}\Big) = Ke^{-rT}\phi(d_2)$$

où $X \sim \mathcal{N}(0,1)$ et ϕ est la distribution normale cumulative standard. Le calcul pour A est plus délicat

$$A = e^{-rT}\mathbb{E}(S_T\mathbb{1}_{(S_T \geq K)}) = S_0\mathbb{E}\Big(exp\Big(-\frac{\sigma^2 t}{2} + \sigma W_t\Big)\mathbb{1}_{(S_T \geq K)}\Big)$$

Nous identifions un changement de mesure de Girsanov où

$$Q(E) = \int_E Z_t dP$$

et
$$Z_t = exp\left(\int_0^t \sigma dWs - \int_0^t \frac{\sigma^2}{2} ds\right)$$

$$A = S_0 Q(S_T \geq K)$$

Dans cette nouvelle mesure $\hat{W}_t$ est un mouvement brownien où

$$\hat{W}_t = W_t - \int_0^t \sigma ds$$

Par conséquent, la dynamique de S_t dans la nouvelle mesure est

$$S_t = S_0 exp\left(rt + \frac{\sigma^2 t}{2} + \sigma \hat{W}_t\right)$$

$$A = S_0 Q\left(X \leq \frac{ln\left(\frac{S_0}{K}\right) + rT + \frac{\sigma^2 T}{2}}{\sigma\sqrt{T}}\right) = S_0 \phi(d_1)$$

Nous les combinons pour trouver le prix de l'option d'achat

$$C = S_0 \phi(d_1) - Ke^{-rT}\phi(d_2)$$

où

$$d_1 = \frac{ln\left(\frac{S_0}{K}\right) + rT + \frac{\sigma^2 T}{2}}{\sigma\sqrt{T}} \ , \ d_2 = \frac{ln\left(\frac{S_0}{K}\right) + rT - \frac{\sigma^2 T}{2}}{\sigma\sqrt{T}}$$

Notez qu'avec les dividendes, la formule devient

$$C = S_0 e^{-qT}\phi(d_1) - Ke^{-rT}\phi(d_2)$$

$$d_1 = \frac{ln\left(\frac{S_0}{K}\right) + (r-q)T + \frac{\sigma^2 T}{2}}{\sigma\sqrt{T}} \ , \ d_2 = \frac{ln\left(\frac{S_0}{K}\right) + (r-q)T - \frac{\sigma^2 T}{2}}{\sigma\sqrt{T}}$$

Parfois, une formule différente peut être trouvée en utilisant le forward $F = S_0 e^{(r-q)T}$

$$C = Fe^{-rT}\phi(d_1) - Ke^{-rT}\phi(d_2)$$

$$d_1 = \frac{ln\left(\frac{F}{K}\right) + \frac{\sigma^2 T}{2}}{\sigma\sqrt{T}} \ , \ d_2 = \frac{ln\left(\frac{F}{K}\right) - \frac{\sigma^2 T}{2}}{\sigma\sqrt{T}}$$

et le prix de l'option put peut être dérivé de la même manière

$$P = Ke^{-rT}\phi(-d_2) - Fe^{-rT}\phi(-d_1)$$

10.2 Grecques - Solution

Question : Calculez les grecques Δ, Γ, $\mathcal{V}$, ρ, Θ pour une option call.

Solution :

On note C le prix du call à $t = 0$, ϕ la distribution cumulative normale standard et $f = \phi'$ la fonction de densité normale standard.

$$C = S_0 \phi(d_1) - K e^{-rT} \phi(d_2)$$

$$d_1 = \frac{ln\left(\frac{S_0}{K}\right) + rT + \frac{\sigma^2 T}{2}}{\sigma \sqrt{T}} \;,\; d_2 = \frac{ln\left(\frac{S_0}{K}\right) + rT - \frac{\sigma^2 T}{2}}{\sigma \sqrt{T}} = d_1 - \sigma\sqrt{T}$$

Nous commençons avec une identité qui nous aidera pour toutes les grecques

$$f(d_2) = \frac{1}{\sqrt{2\pi}} \exp\left(\frac{-d_2^2}{2}\right) = \frac{1}{\sqrt{2\pi}} \exp\left(\frac{-d_1^2}{2}\right) \exp\left(d_1 \sigma \sqrt{T}\right) \exp\left(\frac{-\sigma^2 T}{2}\right)$$

$$f(d_2) = \frac{1}{\sqrt{2\pi}} \exp\left(\frac{-d_1^2}{2}\right) \frac{S_0}{K} \exp(rT) = f(d_1) \frac{S_0}{K} e^{rT} \quad (3)$$

— Δ

$$\Delta = \frac{\partial C}{\partial S_0} = \phi(d_1) + S_0 f(d_1) \frac{\partial d_1}{\partial S_0} - K e^{-rT} f(d_2) \frac{\partial d_2}{\partial S_0}$$

$$\Delta = \phi(d_1) + f(d_1) \frac{1}{\sigma \sqrt{T}} - K e^{-rT} f(d_2) \frac{S_0}{\sigma \sqrt{T}}$$

Et en utilisant l'équation 3

$$\Delta = \phi(d_1)$$

— Γ

$$\Gamma = f(d_1) \frac{1}{S_0 \sigma \sqrt{T}}$$

— $\mathcal{V}$

$$\mathcal{V} = \frac{\partial C}{\partial \sigma} = S_0 f(d_1) \frac{\partial d_1}{\partial \sigma} - K e^{-rT} f(d_2) \frac{\partial d_2}{\partial \sigma}$$

$$\mathcal{V} = \frac{\partial C}{\partial \sigma} = S_0 f(d_1) \frac{\partial d_1}{\partial \sigma} - K e^{-rT} f(d_2) \left(\frac{\partial d_1}{\partial \sigma} - \sqrt{T}\right)$$

Et en utilisant l'équation 3

$$\mathcal{V} = K e^{-rT} f(d_2) \sqrt{T} = S_0 f(d_1) \sqrt{T}$$

— ρ

$$\rho = \frac{\partial C}{\partial r} = S_0 f(d_1)\frac{\partial d_1}{\partial r} + TKe^{-rT}\phi(d_2) - Ke^{-rT}f(d_2)\frac{\partial d_2}{\partial r}$$

$$\rho = S_0 f(d_1)\frac{\sqrt{T}}{\sigma} + TKe^{-rT}\phi(d_2) - Ke^{-rT}f(d_2)\frac{\sqrt{T}}{\sigma}$$

Et en utilisant l'équation 3

$$\rho = TKe^{-rT}\phi(d_2)$$

— Θ

$$\Theta = \frac{\partial C}{\partial T} = S_0 f(d_1)\frac{\partial d_1}{\partial T} + rKe^{-rT}\phi(d_2) - Ke^{-rT}f(d_2)\frac{\partial d_2}{\partial T}$$

$$\Theta = S_0 f(d_1)\frac{\partial d_1}{\partial T} + rKe^{-rT}\phi(d_2) - Ke^{-rT}f(d_2)\left(\frac{\partial d_1}{\partial T} - \frac{\sigma}{2\sqrt{T}}\right)$$

Et en utilisant l'équation 3

$$\Theta = rKe^{-rT}\phi(d_2) + Ke^{-rT}f(d_2)\frac{\sigma}{2\sqrt{T}}$$

10.3 Ornsetin Uhlenbeck- Solution

Question : Démontrez la formule fermée pour un processus Ornstein Uhlenbeck. Calculez son espérance et sa variance.

Solution : Nous commençons par la dynamique d'un processus Ornsetin Uhlenbeck

$$\mathrm{d}r_t = \theta\left(\mu - r_t\right)\mathrm{d}t + \sigma\mathrm{d}W_t$$

Nous considérons le processus $X_t = e^{At}r_t$. Nous appliquons Itô

$$\mathrm{d}X_t = Ae^{At}r_t\mathrm{d}t + e^{At}\mathrm{d}r_t$$

On trouve que la valeur $A = \theta$ donne

$$\mathrm{d}X_t = e^{\theta t}\left(\theta\mu\mathrm{d}t + \sigma\mathrm{d}W_t\right)$$

$$X_T - X_0 = \int_0^T \theta\mu e^{\theta t}\mathrm{d}t + \int_0^T \sigma e^{\theta t}\mathrm{d}W_t$$

$$r_T e^{\theta T} = r_0 + \mu(e^{\theta T} - 1) + \int_0^T \sigma e^{\theta t}\mathrm{d}W_t$$

$$r_T = r_0 e^{-\theta T} + \mu(1 - e^{-\theta T}) + \int_0^T \sigma e^{\theta(t-T)}\mathrm{d}W_t$$

Nous constatons que l'espérance est

$$\mathbb{E}(r_T) = r_0 e^{-\theta T} + \mu(1 - e^{-\theta T})$$

et

$$\lim_{T \to \infty} \mathbb{E}(r_T) = \mu$$

On élimine les termes déterministes de la variance, on obtient

$$\text{Var}(r_T) = \text{Var}\left(\int_0^T \sigma e^{\theta(t-T)} dW_t\right)$$

$$\text{Var}(r_T) = \mathbb{E}\left(\left(\int_0^T \sigma e^{\theta(t-T)} dW_t\right)^2\right)$$

Nous appliquons l'isométrie d'Itô

$$\text{Var}(r_T) = \int_0^T \sigma^2 e^{2\theta(t-T)} dt$$

$$\text{Var}(r_T) = \frac{\sigma^2}{2\theta}(1 - e^{-2\theta T})$$

et

$$\lim_{T \to \infty} \text{Var}(r_T) = \frac{\sigma^2}{2\theta}$$

10.4 Vasicek hybride - Solution

Question : Calculez la relation entre la volatilité du stock et la volatilité des taux dans un modèle hybride de Vasicek.

Solution : L'intervieweur vous demande de dériver la formule classique de calibration pour le modèle action avec des taux stochastiques. Nous considérons la dynamique des stocks

$$\frac{dS_t}{S_t} = r_t dt + \sigma_t^S dW_t^S$$

où r_t suit

$$dr_t = (\theta_t - \kappa r_t) dt + \sigma_t^r dW_t^r$$

En utilisant la dérivation d'Ornstein Uhlenbeck dans la question précédente, nous avons

$$r_s = \int_t^s \exp(\kappa(u-s)) \sigma_u^r dW_u + \text{nonstochastic terms}$$

Donc S_T peut être écrit

$$S_T = S_t P(t,T) exp\left(-\int_t^T \frac{\sigma_u^{s2} u}{2} du + \int_t^T \sigma_u^s W_u^s du\right)$$

où

$$P(t,T) = \mathbb{E}^{\mathbb{P}}\left[\exp\left(-\int_t^T r_s ds\right)\right]$$

$$= \mathbb{E}^{\mathbb{P}}\left[\exp\left(-\int_t^T \int_t^s \exp(\kappa(u-s))\sigma_u^r dW_u^r ds\right)\right]$$

Afin de calculer cette intégrale, nous remarquons que

$$\int_t^T \int_t^s F(u,s) du ds = \int_t^T \int_s^T F(u,s) ds du$$

Lorsqu'il est appliqué dans ce cas, nous obtenons

$$P(t,T) = \mathbb{E}^{\mathbb{P}}\left[\exp\left(-\int_t^T \hat{B}(\kappa,u,T)\sigma_u^r dW_u^r\right)\right]$$

où

$$\hat{B}(\kappa,u,T) = \frac{1-\exp(\kappa(u-T))}{\kappa}$$

Nous avons donc trouve la volatilité du zéro coupon bond. Nous pouvons trouver le drift en utilisant le fait que $P(t,T)$ est un produit financier échangeable, donc $P(t,T)/B_t$ doit être une $\mathbb{P}$-martingale et nous avons donc

$$\frac{dP(t,T)}{P(t,T)} = r_t dt - \hat{B}(\kappa,t,T)\sigma_t^r dW_t^r$$

Puisque S_t est échangeable, $S_t/P(t,T)$ est une $\mathbb{Q}_T$-martingale, donc il s'ensuit que

$$\frac{d\left(\frac{X_t}{P(t,T)}\right)}{\frac{X_t}{P(t,T)}} = \sigma_t^S d\widetilde{W}_t^S + \hat{B}(\kappa,t,T)\sigma_t^r d\widetilde{W}_t^r$$

où $\widetilde{W}_t$ sont des mouvements browniens dans $\mathbb{Q}_T$. Donc sous $\mathbb{Q}_T$, S_T est lognormalement distribué avec une moyenne $S_0/P(0,T)$ et une variance

$$V_T = \int_0^T \left(\left(\sigma_t^S\right)^2 + 2\rho\sigma_t^S \hat{B}(\kappa,t,T)\sigma_t^r + \hat{B}(\kappa,t,T)^2 \left(\sigma_t^r\right)^2\right) dt$$

Nous calibrons maintenant le modèle hybride en fonction de la volatilité implicite des actions du marché en nous assurant que

$$\sigma_{\text{imp}}^2(T) = \frac{1}{T}\int_0^T \left(\left(\sigma_t^S\right)^2 + 2\rho\sigma_t^S \hat{B}(\kappa,t,T)\sigma_t^r + \hat{B}(\kappa,t,T)^2 \left(\sigma_t^r\right)^2\right) dt$$

Calibrer ici signifie dériver σ_t^S. σ_{imp} est la volatilité implicite du marché (déduite des prix des options vanille) et σ_t^r est la volatilité implicite du marché taux.

10.5 Fokker-Planck- Solution

Question : Démontrez la formule de Fokker-Planck.

Solution :

On commence par la dynamique

$$dX_t = \mu(X_t)\,dt + \sigma(X_t)\,dW_t$$

la densité de transition $\rho(x,t|y,s)$ est définie par

$$\int_A \rho(x,t|y,s)dx = \Pr[X_{t+s} \in A | X_s = y]$$
$$= \Pr[X_t \in A | X_0 = y]$$

Considérons une fonction différentiable $V(X_t,t) = V(x,t)$ avec $V(X_t,t) = 0$ pour $t \notin (0,T)$. Alors par le lemme d'Itô

$$dV = \left[\frac{\partial V}{\partial t} + \mu\frac{\partial V}{\partial x} + \frac{1}{2}\sigma^2\frac{\partial^2 V}{\partial x^2}\right]dt + \left[\sigma\frac{\partial V}{\partial x}\right]dW_t$$

Donc

$$V(X_T,T) - V(X_0,0) = \int_0^T \left[\frac{\partial V}{\partial t} + \mu\frac{\partial V}{\partial x} + \frac{1}{2}\sigma^2\frac{\partial^2 V}{\partial x^2}\right]dt + \int_0^T \left[\sigma\frac{\partial V}{\partial x}\right]dW_t \quad (4)$$

où $\mu = \mu(X_t)$ et $\sigma = \sigma(X_t)$ pour simplifier la notation. Prenons l'espérance conditionnelle des deux côtés de l'équation (4) par rapport à X_0

$$E[V(X_T,T) - V(X_0,0)]$$

$$= E\int_0^T \left[\frac{\partial V}{\partial t} + \mu\frac{\partial V}{\partial x} + \frac{1}{2}\sigma^2\frac{\partial^2 V}{\partial x^2}\right]dt + E\int_0^T \left[\sigma\frac{\partial V}{\partial x}\right]dW_t \quad (5)$$

$$= \int_\mathbb{R} \left\{\int_0^T \left[\frac{\partial V}{\partial t} + \mu\frac{\partial V}{\partial x} + \frac{1}{2}\sigma^2\frac{\partial^2 V}{\partial x^2}\right]dt\right\}\rho(x,t\mid y,s)dx$$

Toutes les espérances sont des espérances conditionnelles par rapport a X_0, donc $E[\cdot] = E[\cdot \mid X_0 = y]$. Ainsi $E[dW_t] = 0$, le second terme dans la ligne du milieu (5) s'annule. On peut donc écrire l'équation (5) comme la somme de 3 intégrales

$$\int_\mathbb{R}\int_0^T \rho\frac{\partial V}{\partial t}dtdx + \int_\mathbb{R}\int_0^T \rho\mu\frac{\partial V}{\partial x}dtdx + \frac{1}{2}\int_\mathbb{R}\int_0^T \rho\sigma^2\frac{\partial^2 V}{\partial x^2}dtdx = I_1 + I_2 + I_3 \quad (6)$$

où $\rho = \rho(x,t \mid y,s)$ pour simplifier la notation. L'objectif de la dérivation est d'appliquer l'intégration par parties pour se débarrasser des dérivées de V. L'astuce est que I_1 est calculé en utilisant l'intégration par parties sur t, tandis que I_2 et I_3 sont calculés en utilisant l'intégration par parties sur x.

On utilise $u = \rho$, $v' = \frac{\partial V}{\partial t}$ soit $u' = \frac{\partial \rho}{\partial t}$ et $v = V$. Donc pour I_1 on a

$$\int_0^T \rho \frac{\partial V}{\partial t} dt = \rho V |_0^T - \int_0^T \frac{\partial \rho}{\partial t} V dt = -\int_0^T \frac{\partial \rho}{\partial t} V dt$$

car aux limites 0 et T, $V = 0$. Donc

$$I_1 = -\int_\mathbb{R} \int_0^T \frac{\partial \rho}{\partial t} V(x,t) dt dx$$

On permute l'ordre des intégrales dans I_2 et on écrit

$$I_2 = \int_0^T \int_\mathbb{R} \rho \mu \frac{\partial V}{\partial x} dx dt$$

On intègre par partie avec $u = \rho\mu$, $v' = \frac{\partial V}{\partial x}$ de sorte que $u' = \frac{\partial(\rho\mu)}{\partial x}$, $v = V$

$$\int_\mathbb{R} \rho\mu \frac{\partial V}{\partial x} dx = \rho\mu V|_\mathbb{R} - \int_\mathbb{R} \frac{\partial(\rho\mu)}{\partial x} V dx$$

Donc l'intégrale devient

$$I_2 = -\int_0^T \int_\mathbb{R} \frac{\partial(\rho\mu)}{\partial x} V(x,t) dx dt$$

$$= -\int_\mathbb{R} \int_0^T \frac{\partial(\rho\mu)}{\partial x} V(x,t) dt dx$$

Enfin l'intégration par partie de I_3 nécessite une double intégration par partie sur x. On se débarrasse ainsi du terme $\frac{\partial^2 V}{\partial x^2}$ et on garde seulement $V(x,t)$. On permute de nouveau l'ordre des intégrales et on obtient l'expression suivante pour I_3

$$\frac{1}{2} \int_0^T \int_\mathbb{R} \rho \sigma^2 \frac{\partial^2 V}{\partial x^2} dx dt$$

On intègre par partie avec $u = \rho\sigma^2$, $v' = \frac{\partial^2 V}{\partial x^2}$ donc $u' = \frac{\partial(\rho\sigma^2)}{\partial x}$ et $v = \frac{\partial V}{\partial x}$. Donc l'intégrale devient

$$\int_\mathbb{R} \rho\sigma^2 \frac{\partial^2 V}{\partial x^2} dx = \rho\sigma^2 \frac{\partial V}{\partial x}\bigg|_\mathbb{R} - \int_\mathbb{R} \frac{\partial(\rho\sigma^2)}{\partial x} \frac{\partial V}{\partial x} dx$$

$$= -\int_\mathbb{R} \frac{\partial(\rho\sigma^2)}{\partial x} \frac{\partial V}{\partial x} dx$$

On intègre de nouveau par partie avec $u = \frac{\partial(\rho\sigma^2)}{\partial x}$, $v' = \frac{\partial V}{\partial x}$, $u' = \frac{\partial^2(\rho\sigma^2)}{\partial x^2}$, $v = V$

$$-\int_\mathbb{R} \frac{\partial(\rho\sigma^2)}{\partial x} \frac{\partial V}{\partial x} dx = -\frac{\partial(\rho\sigma^2)}{\partial x} V\bigg|_\mathbb{R} + \int_\mathbb{R} \frac{\partial^2(\rho\sigma^2)}{\partial x^2} V dx$$

$$= \int_{\mathbb{R}} \frac{\partial^2 (\rho\sigma^2)}{\partial x^2} V(x,t)dx$$

Donc I_3 s'écrit

$$\frac{1}{2} \int_0^T \int_{\mathbb{R}} \frac{\partial^2 (\rho\sigma^2)}{\partial x^2} V dx dt = \frac{1}{2} \int_{\mathbb{R}} \int_0^T \frac{\partial^2 (\rho\sigma^2)}{\partial x^2} V(x,t) dt dx$$

On réinjecte les nouvelles expressions de I_1, I_2 et I_3 dans (6)

$$E\left[V(X_T,T)\right] - V(X_0,0) = \int_{\mathbb{R}} \int_0^T V(x,t) \left[-\frac{\partial \rho}{\partial t} - \frac{\partial(\rho\mu)}{\partial x} + \frac{1}{2}\frac{\partial^2(\rho\sigma^2)}{\partial x^2}\right] dt dx$$

Comme $V(X_t,t) = 0$ pour $t \notin (0,T)$ on a $V(X_T,T) = V(X_0,0) = 0$ donc $E\left[V(X_T,T)\right] - V(X_0) = 0$. Donc l'expression entre crochets est égale a zéro

$$-\frac{\partial \rho}{\partial t} - \frac{\partial(\rho\mu)}{\partial x} + \frac{1}{2}\frac{\partial^2(\rho\sigma^2)}{\partial x^2} = 0$$

Donnant l'équation de Fokker-Planck

$$\frac{\partial \rho}{\partial t} = -\frac{\partial(\rho\mu)}{\partial x} + \frac{1}{2}\frac{\partial^2(\rho\sigma^2)}{\partial x^2}$$

10.6 Breeden-Litzenberger- Solution

Question : Démontrez la formule de Breeden-Litzenberger.

Solution : La formule Breeden-Litzenberger relie la distribution du sous-jacent aux dérivées des options vanille par rapport au strike. Nous commençons par la formule du prix du call

$$C(S,K,T) = e^{-rT} \mathbb{E}\left((S_T - K)^+\right) = e^{-rT} \int_K^\infty (x-k)p(x)\mathrm{d}x$$

où $p(x)$ est la fonction de densité de S_T. Nous prenons la dérivée par rapport à K en utilisant la formule de Leibniz (voir page 97)

$$\frac{\partial C}{\partial K} = e^{-rT} \int_K^\infty -p(x)\mathrm{d}x$$

Nous prenons la second dérivée pour obtenir la formule Breeden-Litzenberger.

$$\frac{\partial^2 C}{\partial K^2} = e^{-rT} p(k)$$

10.7 Volatilité locale - Solution

Question : Démontrez la formule de Dupire ou volatilité locale.

Solution : cela peut paraître surprenant mais cette question revient souvent en entretien. La volatilité locale est un tel standard dans l'industrie qu'un quant doit nécessairement savoir la dériver. Nous supposons que le stock suit la dynamique

$$\frac{dS_t}{S_t} = (r(t) - q(t))dt + \sigma(t, S_t)dW_t$$

Donc, la formule Breeden-Litzenberger entre les instants s et T, pour un stock de spot s, au temps t, et le facteur d'actualisation $D(t,T)$ (typiquement $D(t,T) = e^{r(T-t)}$) est

$$p(s, K, t, T) = \frac{1}{D(t,T)} \frac{\partial^2}{\partial K^2} C_t(s, K, T)$$

Nous appliquons Fokker-Planck au stock

$$\tfrac{1}{2}\frac{\partial^2}{\partial x^2}\Big[\sigma(t,x)^2 x^2 p(x_0, x, t_0, t)\Big] - (r(t) - q(t))\frac{\partial}{\partial x}\Big[x p(x_0, x, t_0, t)\Big]$$

$$-\frac{\partial}{\partial t} p(x_0, x, t_0, t) = 0$$

Nous multiplions par $D(t_0, t)(x - K)^+$ et intégrons de $x = K$ à $x = \infty$ pour obtenir

$$\tfrac{1}{2} D(t_0, t) \int_K^\infty \frac{\partial^2}{\partial x^2}\Big[\sigma(t,x)^2 x^2 p(x_0, x, t_0, t)\Big](x - K) dx$$
$$- (r(t) - q(t)) D(t_0, t) \int_K^\infty \frac{\partial}{\partial x}\Big[x p(x_0, x, t_0, t)\Big](x - K) dx \qquad (7)$$
$$- D(t_0, t) \int_K^\infty \frac{\partial}{\partial t} p(x_0, x, t_0, t)(x - K) = 0$$

Le premier terme de l'équation (7) peut être intégré par parties et en utilisant la formule de Breeden-Litzenberger, il peut être réécrit

$$\tfrac{1}{2}\sigma(t, K)^2 K^2 \frac{\partial^2}{\partial K^2} C_{t_0}(x_0, K, t) \qquad (8)$$

Le deuxième terme de l'équation (7) peut être intégré par parties et en utilisant la version intégrale de la formule de Breeden-Litzenberger il devient

$$(r(t) - q(t))\left(C_{t_0}(x_0, K, t) - K\frac{\partial}{\partial K} C_{t_0}(x_0, K, t)\right) \qquad (9)$$

Le dernier terme de l'équation (7) peut être intégré directement et en utilisant

$$D_t(t_0, t) = -r(t) D(t_0, t)$$

on obtient
$$-\left(r(t)C(x,K,t)+\frac{\partial}{\partial t}C_{t_0}(x_0,K,t)\right) \tag{10}$$

Après avoir substitué les trois termes et réorganisé l'équation (7) nous obtenons la formule de Dupire

$$\sigma(t,K)^2 = \frac{(r(t)-q(t))K\frac{\partial}{\partial K}C_{t_0}(x_0,K,t)+\frac{\partial}{\partial t}C_{t_0}(x_0,K,t)+q(t)C_{t_0}(x_0,K,t)}{\frac{1}{2}K^2\frac{\partial^2}{\partial K^2}C_{t_0}(x_0,K,t)}$$

Habituellement, nous la trouvons écrite sous cette forme compacte

$$\sigma_{\text{loc}}(t,K)^2 = \frac{\frac{\partial C}{\partial t}+(r(t)-q(t))K\frac{\partial C}{\partial K}+q(t)C}{\frac{1}{2}K^2\frac{\partial^2 C}{\partial K^2}} = \frac{C_t+(r-q)KC_k+qC}{\frac{1}{2}K^2 C_{KK}}$$

10.8 Équation de Black Scholes - Solution

Question : Démontrez l'équation de Black Scholes.

Solution : On considère une option financière sur un sous-jacent S_t de valeur $V(S_t,t)$. Nous construisons un portefeuille autofinancé avec l'option et un montant de couverture Δ de sous-jacent.

$$P = V(S,t) + \Delta S$$

Le stock a la dynamique habituelle

$$\frac{dS_t}{S_t} = r dt + \sigma dW_t$$

La condition du portefeuille autofinancé est

$$dP = dV + \Delta dS \tag{11}$$

Et la condition de non-arbitrage nous donne

$$dP = rP dt \tag{12}$$

Nous appliquons Itô sur V, et combinons (11) and (12) on a

$$V_t dt + V_S dS + \frac{1}{2}V_{SS}d\langle S\rangle_t + \Delta dS = rP dt$$

Par conséquent, nous avons le montant de couverture Δ

$$\Delta = -V_S$$

et
$$V_t dt + \frac{1}{2} V_{SS} d\langle S \rangle_t = rV dt - rSV_S dt$$

Nous utilisons la dynamique des stocks et simplifions les dt

$$V_t + \frac{1}{2} V_{SS} \sigma^2 S^2 = rV - rSV_S$$

On obtient l'équation de Black Scholes, généralement écrite

$$V_t + \frac{1}{2} V_{SS} \sigma^2 S^2 + rSV_S - rV = 0$$

Chapitre 11

Formulaire de maths

Formulaire de maths

11.1 Distribution normale

$$X \sim \mathcal{N}\left(\mu, \sigma^2\right)$$

$$f_X(x) = \frac{1}{\sqrt{2\pi}\sigma} \exp\left(-\frac{(x-\mu)^2}{2\sigma^2}\right)$$

11.2 Corrélation

Le coefficient de corrélation $\rho_{X,Y}$ entre deux variables aléatoires X and Y avec des écarts-types σ_X et σ_Y est

$$\rho_{X,Y} = \frac{\operatorname{cov}(X,Y)}{\sigma_X \sigma_Y}$$

11.3 Mouvement brownien

Un mouvement brownien est un processus stochastique $\{B_t\}_{t \geq 0+}$ avec les propriétés suivantes :
— $B_0 = 0$
— La fonction $t \to B_t$ est presque sûrement continue dans t
— Le processus $\{B_t\}_{t \geq 0}$ a des incréments stationnaires et indépendants
— L'incrément $B_{t+s} - B_s$ a la distribution $\mathcal{N}(0, t)$

11.4 Tribu

Soit Ω un ensemble. Une collection $\mathcal{A}$ de sous-ensembles de Ω est une tribu sur Ω, si et seulement si elle satisfait toutes les propriétés suivantes :
— $\Omega, \emptyset \in \mathcal{A}$
— Pour tout $A \in \mathcal{A}, A^c \in \mathcal{A}$
— Pour toute suite $(A_n)_{n=1}^{\infty}$ d'éléments de $\mathcal{A}$, $\cup_{n=1}^{\infty} A_n \in \mathcal{A}$

11.5 Martingale

Un processus $(\mathcal{F}_t)$-adapté et à valeur réelle M est appelé martingale (par rapport à la filtration $(\mathcal{F}_t)$ si
— $\operatorname{E}|M_t| < \infty$ pour tout $t \in T$
— $\operatorname{E}(M_t|\mathcal{F}_s) \stackrel{\text{p.s.}}{=} M_s$ pour tout $s \leq t$

11.6 Girsanov

Soit $B_t, 0 \leq t \leq T$ un mouvement brownien sur un espace de probabilité $(\Omega, \mathcal{F}, P)$, et soit $\mathcal{F}_t, 0 \leq t \leq T$, une filtration pour ce mouvement brownien. Soit a_t un processus adapté. On définit

$$Z_t = \exp\left(-\int_0^t a_u dB_u - \frac{1}{2}\int_0^t a_u^2 du\right)$$

$$\tilde{B}_t = B_t + \int_0^t a_u du$$

et la probabilité $\tilde{P}$ équivalente à P définie par

$$\tilde{P}(A) = \int_A Z(\omega) dP(\omega)$$

et on suppose que

$$E\left[\int_0^t a_u^2 Z_u^2 du\right] < +\infty$$

Alors sous la probabilité $\tilde{P}$ le processus $\tilde{B}$ est un mouvement brownien.

11.7 Processus de Itô

Un processus X_t est dit de Itô s'il existe des processus progressivement mesurables α_t et β_t tels que

$$\int_0^t \left(|\alpha_s| + \beta_s^2\right) ds < \infty, \text{ p.s.}$$

$$X_t = X_0 + \int_0^t \alpha_S ds + \int_0^t \beta_s dB_s$$

11.8 Lemme de Itô

Soit $f(t, x)$ une fonction à valeur réelle dont les dérivées partielles au second ordre sont continues. Soit $(X_t)_{t \geq 0}$ un processus de Itô, alors

$$df(t, X) = \frac{\partial f}{\partial t} dt + \frac{\partial f}{\partial x} dX + \frac{1}{2}\frac{\partial^2 f}{\partial x^2} d\langle X \rangle_t$$

En pratique, il est plus pratique d'utiliser la notation

$$df = f_t dt + f_X dX + \frac{1}{2} f_{XX} d\langle X \rangle_t$$

11.9 Théorème de Levy

Soit M_t une martingale avec des trajectoires continues et $M_0 = 0$. Alors

$$d\langle M\rangle_t = dt \iff M \text{ est un un mouvement brownien}$$

11.10 Théorème de représentation des martingales

Soit B_t un mouvement brownien et $\mathcal{F}_t$ la filtration générée par B_t. Si X est une variable aléatoire $\mathcal{F}_\infty$-mesurable de carré intégrable, alors il existe un processus unique $\mathcal{F}_t$-adapté et déterministe ϕ, tel que

$$X = \mathbb{E}[X] + \int_0^\infty \phi_s dB_s$$

11.11 Théorème d'arrêt de Doob

Si M est une martingale et S, T sont des temps d'arrêt avec

$$S \leq T \text{ p.s. et } \mathbb{E}\,|M_T| < +\infty$$

alors

$$\mathbb{E}\,[M_T|\mathcal{F}_S] = M_S$$

11.12 Théorème d'arrêt de Doob

Soit $(\Omega, \Sigma, \mathbf{P})$ un espace de probabilité , $\mathcal{F} = \{F_n\}$ une filtration sur Ω, et $X = \{X_n\}$ une martingale par rapport à $\mathcal{F}$. Soit τ un temps d'arrêt. Supposons que l'une des conditions suivantes soit remplie :
— Il existe un entier positif N tel que $\tau(\omega) \leq N$ pour tout $\omega \in \Omega$
— Il existe un nombre réel positif K tel que

$$|X_n(\omega)| < K$$

pour tout n et tout $\omega \in \Omega$, et τ presque sûrement fini.
— $\mathbb{E}(\tau) < \infty$, et il existe un nombre réel positif K tel que

$$|X_n(\omega) - X_{n-1}(\omega)| < K$$

pour tout n et tout $\omega \in \Omega$ Alors X_T est intégrable, et

$$\mathbb{E}\,(X_\tau) = \mathbb{E}\,(X_0)$$

11.13 Comportement à long terme des trajectoires

Soit $\{B_t\}_{t\in[0,\infty)}$ un mouvement brownien. Alors,

$$\limsup_{t\to\infty} \frac{B_t}{\sqrt{t}} = \infty, \ p.s$$

et

$$\liminf_{t\to\infty} \frac{B_t}{\sqrt{t}} = -\infty, \ p.s$$

11.14 Temps d'arrêt

la variable aléatoire T est appelée un temps d'arrêt si $T : \Omega \longrightarrow \mathbb{Z}_+ \cup \{\infty\}$ satisfait

$$\{T \leq n\} \in \mathcal{F}_n$$

11.15 Temps d'atteinte (temps de premier passage)

Soit $T_a = \min\{t : B(t) = a\}$ la première fois que le processus de mouvement brownien standard atteint a. En utilisant le principe de réflexion, nous pouvons prouver que

$$\mathrm{P}(T_a \leq t) = 2\mathrm{P}(B(t) \geq a) = 2 - 2\Phi(a/\sqrt{t})$$

$$\lim_{t\to\infty} \mathrm{P}(T_a \leq t) = 1$$

11.16 Isométrie de Itô

Soit B_t un mouvement brownien et X_t un processus stochastique

$$\mathrm{E}\left[\left(\int_0^T X_t \mathrm{d}B_t\right)^2\right] = \mathrm{E}\left[\int_0^T X_t^2 \mathrm{d}t\right]$$

11.17 Théorème de Bayes

$$P(A|B) = \frac{P(B|A)P(A)}{P(B)}$$

où A et B sont des événements et $P(B) \neq 0$

11.18 Portefeuilles autofinancés

Un portefeuille, ou une stratégie de trading, est le processus déterministe

$$\phi = (\phi_0, \ldots, \phi_n)$$

Sa valeur est

$$V(t) = V(t; \phi) := \sum_{i=0}^{n} \phi_i(t) S_i(t)$$

Le portefeuille ϕ est dit autofinancé (pour S) si les intégrales stochastiques

$$\int_0^t \phi_i(u) dS_i(u), \quad i = 0, \ldots, n$$

sont bien définis et

$$dV(t; \phi) = \sum_{i=0}^{n} \phi_i(t) dS_i(t)$$

11.19 Fonctions de test d'intégrabilité uniforme

Une fonction $\psi : [0, \infty) \to [0, \infty)$ est appelée une u.i. (intégrabilité uniforme) fonction de test si ψ est croissant, convexe (c.à.d. $\psi(\lambda x + (1 - \lambda)y) \leq \lambda \psi(x) + (1 - \lambda)\psi(y)$ pour tout $x, y \in [0, \infty), \lambda \in [0, 1]$) et

$$\lim_{x \to \infty} \frac{\psi(x)}{x} = \infty$$

Par exemple, $\psi(x) = x^p$ est un u.i. fonction de test si $p > 1$.

11.20 Théorème d'intégrabilité uniforme

La famille $\{f_j\}_{j \in J}$ est uniformément intégrable si et seulement s'il existe une u.i. fonction de test ψ telle que

$$\sup_{j \in J} \left\{ \int \psi(|f_j|) \, dP \right\} < \infty$$

11.21 Théorème de convergence des martingales de Doob

Soit N_t une supermartingale continue à droite. Alors, les assertions suivantes sont équivalentes :

1. $\{N_t\}_{t \geq 0}$ est uniformément intégrable
2. Il existe $N \in L^1(P)$ tel que $N_t \to N$ p.s. (P) et $N_t \to N$ dans $L^1(P)$, c.a.d. $\int |N_t - N| \, dP \to 0$ quand $t \to \infty$

11.22 Volatilité locale

La volatilité locale est définie comme

$$\sigma_{\mathrm{loc}}(t, K)^2 = \frac{C_t + (r-q)KC_k + qC}{\frac{1}{2}K^2 C_{KK}}$$

11.23 Breeden-Litzenberger

Formule au premier ordre

$$\frac{\partial C}{\partial K} = e^{-rT} \int_K^\infty -p(x) \mathrm{d}x$$

Formule au second ordre

$$\frac{\partial^2 C}{\partial K^2} = e^{-rT} p(k)$$

11.24 Fokker-Planck

$$\frac{\partial \rho}{\partial t} = -\frac{\partial (\rho \mu)}{\partial x} + \frac{1}{2}\frac{\partial^2 (\rho \sigma^2)}{\partial x^2}$$

11.25 Options vanilles

Option call
$$C = S_0 e^{-qT} \phi(d_1) - K e^{-rT} \phi(d_2)$$

$$d_1 = \frac{ln\left(\frac{S_0}{K}\right) + (r-q)T + \frac{\sigma^2 T}{2}}{\sigma\sqrt{T}} \ , \ d_2 = \frac{ln\left(\frac{S_0}{K}\right) + (r-q)T - \frac{\sigma^2 T}{2}}{\sigma\sqrt{T}}$$

Option put
$$P = K e^{-rT} \phi(-d_2) - S_0 e^{-qT} \phi(-d_1)$$

11.26 Principe de réflexion

Soit W_t un mouvement brownien, et $a > 0$, alors le principe de réflexion s'énonce :

$$\mathbb{P}\left(\sup_{0 \le s \le t} W(s) \ge a\right) = 2\mathbb{P}(W(t) \ge a)$$

11.27 Formule de Tanaka

$$|B_t| = \int_0^t \text{sgn}(B_s)\, dB_s + L_t$$

où B_t est le mouvement brownien standard, sgn désigne la fonction signe et L_t est son temps local à 0 (le temps local passé par B à 0 avant l'instant t) donné par la limite L_2

$$L_t = \lim_{\varepsilon \downarrow 0} \frac{1}{2\varepsilon} |\{s \in [0,t] | B_s \in (-\varepsilon, +\varepsilon)\}|$$

11.28 Matrices symétriques

Toute matrice symétrique A ($A = A^T$)
— n'a que des valeurs propres réelles
— est toujours diagonalisable
— a des vecteurs propres orthogonaux

11.29 Matrices définies semi-positives

La matrice symétrique A est dite définie semi-positive ($A \geq 0$) si toutes ses valeurs propres sont non négatives.

11.30 Développements limités utiles

$$\frac{1}{1-x} = 1 + x + x^2 + x^3 + x^4 + \ldots$$
$$e^x = 1 + x + \frac{x^2}{2!} + \frac{x^3}{3!} + \frac{x^4}{4!} + \ldots$$
$$\cos x = 1 - \frac{x^2}{2!} + \frac{x^4}{4!} - \frac{x^6}{6!} + \frac{x^8}{8!} - \ldots$$
$$\sin x = x - \frac{x^3}{3!} + \frac{x^5}{5!} - \frac{x^7}{7!} + \frac{x^9}{9!} - \ldots$$

11.31 Formule de Leibniz

Soit $f(x,t)$ une fonction telle que $f(x,t)$ et sa dérivée partielle $f_x(x,t)$ sont continues en t et x dans une région du plan (x,t), y compris

$$a(x) \leq t \leq b(x)$$

$$x_0 \leq x \leq 1$$

Supposons également que les fonctions $a(x)$ et $b(x)$ soient toutes deux continues et qu'elles aient toutes deux des dérivées continues pour $x_0 \leq x \leq x_1$. Alors, pour $x_0 \leq x \leq x_1$,

$$\frac{d}{dx}\left(\int_{a(x)}^{b(x)} f(x,t)dt\right) = f(x,b(x))\,b'(x) - f(x,a(x)) + \int_{a(x)}^{b(x)} \frac{\partial}{\partial x} f(x,t)dt$$

Une humble requête

Cher lecteur,

Les Éditions Ducourt sont une entreprise familiale qui ne doit sont existence qu'à ses lecteurs.

C'est pourquoi nous vous prions, si vous avez apprécié ce livre, de bien vouloir prendre quelques minutes pour nous laisser un avis sur la page Amazon de ce livre.

<u>Chacune de vos revues</u> est essentielle à notre survie et nous aide à résister contre les multinationales de l'édition qui engagent des budgets publicitaires que nous n'avons pas.

Nous sommes extrêmement reconnaissants pour votre support et nous espérons que nous avons réussi à vous délivrer un livre de qualité.

Amicalement
Les Editions Ducourt

Index

Breeden-Litzenberger, 73, 96
Fokker-Planck, 73, 96

Algorithme de tri, 59

Class, 59
Corrélation, 91

Distribution normale, 91
Doob, 95
Développements limités, 97

Erdős, 3

Formule de Leibniz, 97
Friend classe, 59

Girsanov, 92
Grecques, 73

Hash, 60
Hybride, 73

Isométrie de Itô, 94

Lemme de Itô, 92
Lognormal, 25

Martingale, 27, 91
Matrices définies semi-positives, 97
Matrices symétriques, 97
Mouvement brownien, 91

Nombre premier, 3

Option call, 73
Option chooser, 45
Option Compound, 46
Option d'échange, 45
Option forward start, 45
Ornstein Uhlenbeck, 73

Pont Brownien, 27
Portefeuilles autofinancés, 95
Principe de réflexion, 96
Processus d'Itô, 92

Self, 60
Singleton, 59
Struct, 59

Théorème d'arrêt de Doob, 93
Théorème de Bayes, 94
Théorème de Levy, 93
Théorème de représentation des martingales, 93
Tribu, 91

Vasicek, 73
Volatilité locale, 74, 96

Équation de Black Scholes, 74

www.ingramcontent.com/pod-product-compliance
Lightning Source LLC
Chambersburg PA
CBHW081437220526
45466CB00008B/2418